镜与灯人文译丛

生活中的为什么

WHY?
Answers to Everyday Scientific Questions

[英] 乔尔·列维 著 沈 凌 译

江苏凤凰教育出版社
Phoenix Education Publishing, Ltd

图书在版编目（CIP）数据

生活中的为什么/（英）列维著；沈凌译.—南京：江苏凤凰教育出版社，2014.10
（镜与灯人文译丛）
ISBN 978-7-5499-4462-0

Ⅰ.①生… Ⅱ.①列… ②沈…Ⅲ.①科学研究
Ⅳ.①G3

中国版本图书馆CIP数据核字(2014)第237504号

主编的话

作为一个外国文学翻译者与研究者，有太多的机会接触大量外国文化，并深深为世界各民族文化的缤纷多彩、丰富浩荡所折服。在这世界文化丰富多彩的浩浩荡荡中，各民族文化的独特性与多元化彼此交融、互相渗透，并在此过程中不断发展着和变化着。这种发展与变化又进一步促发了各民族文化之间的激荡、交流、碰撞、吸收、借鉴、扬弃、融合与改造，进一步催发出更加无愧于时代和人民的优秀文化作品，使得各民族文化在不断丰富自己内涵的同时，也丰富着全人类的文化宝库，使之日新月异，从而推动了人类社会的不断向前、不断发展。

在这样一种浩浩荡荡的交融与发展中，无论是个体，还是群体，任何把自己禁锢、封存、隔绝起来，意欲独善其身的做法与想法，无疑都是愚昧的、不可取的。只有置身其中，勇敢面对，从这种交融与碰撞中博采众长，吸取自己发展所需要的营养才是正确选择。问题是，面对这样丰富多彩、浩浩荡荡的海样文化大潮，如何更加方便和自如地去选择我们自己的需要，并不是那么容易做到的事情。毕竟，就大多数人来说，直接阅读国外文化作品，依然要受诸多条件，特别是语言障碍的限制与影响。因此，不断推荐、翻译与出版更多的优秀国外文化作品给我们的大众，正是我们翻译工作者与文化出版人责无旁贷的职责。这套由江苏省翻译协会与江苏凤凰教育出版社联手打造的《镜与灯人文译丛》，就是肩负着这样的职责，来为我们新时期的民族文化创新与未来文化发展战略服务的。

《镜与灯人文译丛》取名于美国文学理论家艾布拉姆斯的著作《镜与灯》。镜者，映像其中，意在反映外在事物；灯者，明示外物，意在指示外物的发展变化。《文丛》之所以取名于此，一者表达入选著述皆为对外在现实或精神世界的心灵映照，一者意为入选著作可提供理论上或思想上的指引。

综观世界各民族文化，不论是古代的，还是现代的，也不论是东方的，还是西方的，一切文化思想的形成，都是人类智慧的结晶，都是人类文明发展的象征。研究借鉴世界各民族文化，对于光大人类文明，开拓智慧领地，扫除愚昧落后，振兴本民族文化，无疑具有重要意义。人们只有用人类创造的一切知识来丰富自己的头脑，才能成为无坚不摧的力量驾驭者。对于国外文化中的科学理性精神、现代人文精神与人道主义、近代民主政治与法制思想、现代市场经济理论、西方现代理论、可持续发展的思想和战略等，我们要以充分的民族文化自信，敢于敞开胸怀，大胆接纳，在激荡中学习借鉴，在碰撞中扬弃升华，在交融中丰富发展。我们完全有能力坚持“以我为主、为我所用”的原则，博采各种优秀文化之长，向世界展示中国现代文化建设的成就。我们也完全有能力把我们的民族文化建设成符合时代要求的、代表人类文化发展最高水平的社会主义现代化文化。这，就是我们中华民族的文化自信。

《镜与灯人文译丛》译介西方优秀、积极的社会学、心理学、哲学或跨学科的著作，旨在反映当前国外理论界与学术界的优秀成果和研究方法。镜，鉴也，景也。借鉴国外精华思想，领略国外学术风骚，是出版的重要使命。灯，光也，明也。引入国外优秀学术成就，照亮未来学术之路，亦是出版的重要责任。江苏凤凰教育出版社秉承多年专业出版的理念，积极探索学术领域的发展和进步，举大教育概念，行大教育事业，始终致力于开发教育学术领域的先进思想，展示人文领域的先进成就。

《镜与灯人文译丛》的引进出版得到了江苏省翻译界各位专家学者的全力支持和有益指导，相信本《文丛》的出版必定会给我们的文化界与学术界带来不凡的亮点。

长江学者，南京大学教授、博士生导师，中国翻译协会常务副会长

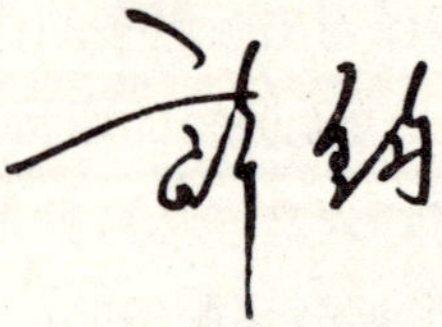

2014.9.19 于南京

目 录

前言

“丰富而高尚的心灵，就是因为强烈的好奇心而如此卓越。”

——塞缪尔·约翰逊

“不要对无关紧要的事情充满好奇，”圣经这样教导我们，“因为你会看到，有很多的事情超越了人们的理解力。”我对此观点虽怀有敬意但不敢苟同，而你已经拿起这本书，就表示你那丰富而高尚的心灵也因强烈的好奇心而成就卓越了。希望本书中的答案能够回报这份好奇心。例如，你之前是否知道：人在晒日光浴时会变重而水结成冰时会变轻；龙虾永远不会衰老；普通男性比 99.9%的女性都要强壮；地球比桌球还要光滑；还有与大家固有的印象正好相反，长颈鹿非常爱唠叨(只是它们说话的音调很低，我们无法听见)。

本书解答了总共 50 多个看似简单的关于自然的问题，例如：在你读本页的这一刻，有多少火山正在爆发？(大概 20 个)，火星上的天空是什么颜色？(红色)。所有这些还有其他一些细枝末节，在回答问题的过程中将会一一揭晓。

很显然我们还可以提出无限多的问题，那么为什么要选择这些特殊的例子呢？我试图在选择问题时将“经典的”自然问题囊括其中，例如：为什么天空是蓝色的？还有一些也许你之前从没想到过的问题，例如：为什么我们会遗忘？我还试图涉及尽量广泛的学科领域，从地理学到心理学，从宇宙学到化学，这些问题中既包括通俗的，例如：为什么手机会失去信号？又有深奥的，例如：为什么时间总向前走？

我试图从多个层面来解答这些问题。在每个问题的开头(尝试着)用一句话来解释，之后再给出更多细节，并且在某些问题中，挑战问题的基本前提。例如，你之前是否知道月亮根本不存在阴暗面？然后再给出更详尽的答案、更完全的解释，如有可能的话再提出一些启发性的小知识。

在读到这些答案时，有个重要的区分必须牢记于心，那就是区分浅近解释和终极解释的区别。浅近解释描述的是事情的近因和直接原因。例如，冰能浮在水上是因为冰比液态水密度低。但浅近解释往往回避问题的实质：在这个例子中，问题的实质就是，为什么冰比水的密度低？要回答这个问题，就要给出终极解释，详尽说明其根本原因，就这个例子而言，就是要描述水分子有怎样独特的能力，使得其互相之间可以形成一种特殊的连接，导致冰具有这样不同寻常的属性。

对于终极解释的探索能够将我们带入令人兴奋而无法预料的方向，你会发现有些最没讨论价值的问题却有着最有趣的答案。例如，为什么女性比男性矮？乍一看这个不像是本书最有趣的问题，但对于答案的探索却将我们引向神奇的领域，带领我们进行一次奇妙之旅，从猿人的性习惯、基因遗传的逻辑，谈到父亲参与抚养女儿的重要性。

并不是所有的问题都能找到答案。例如，没有人真正知道，为什么我们会做梦，甚至为什么要睡觉。对于宇宙膨胀的解释也是纯理论的：只不过是依据已有资料在宇宙尺度上作出的推测。全球变暖的本质和原因还极具争议性，在这样一本只有简短答案的书中，显然没有足够篇幅来完全公平地对待所涉及的一系列观点和论据。卡尔·波普尔曾经指出："我们的知识绝对是有限的，而我们的无知绝对是无限的。"但是，我更愿意将詹姆斯·瑟帕的名言留给你们作为慰藉："有些问题可问，总好过'无所不知'。"

为什么太阳会发光?

太阳会发光是因为它一直在爆炸,就像一个巨大的原子弹一样。

原子弹爆炸源于一种叫原子核聚变的反应,在这种反应中,原子核(处在原子中心位置的小点)聚合在一起,释放出巨大的能量。这些能量有些以热的形式,有些以光的形式表现出来。太阳就像是个在一直不停爆炸的原子弹,所以释放出大量的光和热,其能量非常巨大,以至于能温暖并照亮远在 9 200 万英里外的地球,这就是我们所看到及感受到的阳光,即太阳的能量。

太阳是一个巨大的气态球体,大约有 2 000 兆兆吨重(比地球重 333 000 倍)。其主要成分是氢气。太阳巨大的引力将这些气体紧紧压缩在一起,氢原子核便聚合在一起形成氦原子核。在这一过程中,每个原子核的一小部分都会转化为能量,所以每时每刻太阳都在爆炸,其每秒爆炸的强度比 400 万个原子弹还要猛烈。

燃烧殆尽

太阳燃烧的燃料数量相当巨大,相当于我们每次心跳的时间它就消耗掉一艘超级油轮。幸亏太阳本身是如此巨大,这么大的消耗量对它来说无关痛痒。即便它已经按照这一速度燃烧了几十亿年,太阳也只损失了其自身质量的 0.1%。还需要再过 50 亿年,才能燃烧完用来聚变的氢气。

太阳在原子核聚变过程中究竟发生了什么呢?原子核是位于原子中心位置的一个小点,通常被电子所环绕(见第 86 页)。太阳巨大的热量,把这些电子从氢原子上剥离开来,留下了一大堆氢原子核。氢是最小也是最单纯的元素,它的原子核由单个核粒子组成。在太阳巨大的引力所用下,四个这样的核粒子挤压在一起,聚变形成为一种新的原子核，即一个氦原子核。在这一过程中，太阳产生的能量相当于40万兆个发电厂同时全力开工（10亿等于1 000个百万）。

只有太阳的核心才有足够强大的引力作用引发聚变反应。我们看到和感觉到的阳光是由高热的太阳表面所产生的。如果把金属勺加热到足够高的温度，它会变成白热状，并散发出剧烈的光和热；太阳聚变反应也与此类似，它不是阳光的直接原因，但是是最终的根本原因。

如果太阳如同每秒有400万个原子弹在爆炸，为什么它不会炸到四处飞散呢？原因是有引力。太阳的巨大体积造成了这一结果，即向外和向内作用力的平衡：引力将物质向中心拉拢，而核聚变爆炸所产生的能量将物质向外冲击。当最终太阳燃料耗尽时，这一平衡将被打破，而最后引力会更胜一筹，太阳会以变为一颗白矮星的形式告终，即一颗密实的由原子核所组成的星球，逐渐冷却，直到化为一堆灰烬，飘浮在太空中。

为什么植物是绿色的?

植物是绿色的,因为它们吸收了红色和蓝色的光线。如果从白色光中除去红色和蓝色,剩下的就是绿色。

人类和其他动物通过吃下并消化食物来摄取能量,而植物却可以通过阳光来直接自己制造食物。它们利用阳光中的能量来产生一种叫做光合作用的化学反应,把二氧化碳和水转化为糖分。

阳光是由不同颜色——或者叫波长——组合在一起共同形成的白色光。当白色的阳光照在一片叶子上,红色和蓝色的波长被一种叫做叶绿素的色素所吸收。色素这种化学物质非常善于吸收光线中某些波长而反射其他波长使其色彩更加鲜明。一旦色素起作用,就仅剩下绿色光反射到我们眼中。

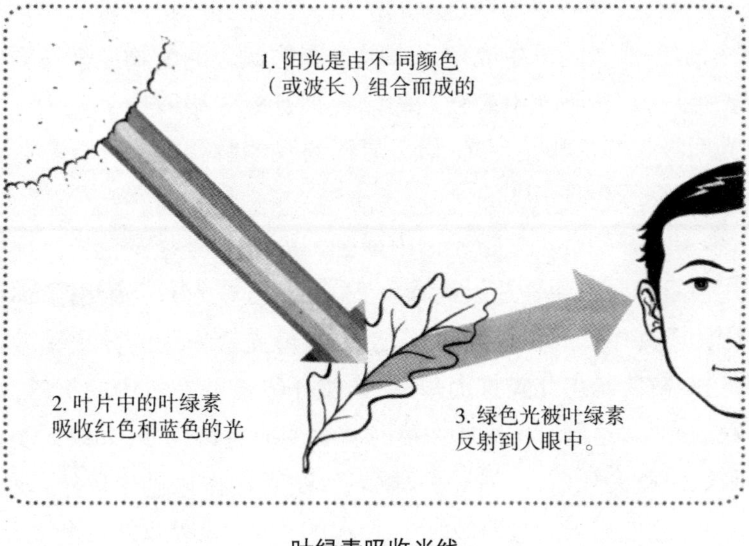

叶绿素吸收光线

叶绿素这种分子比较复杂,它能获取光能量,转化为另一种分子。这种反应类似于我们利用天线来接收电视信号。卫星天线从广阔的空间接收带有电视信号的无线电波,再把它们集中到一点,把许多微弱的信号集中在一起变为较强的信号。与此类似,叶绿素从广阔的空间接收光线,再把这些能量集中到一个频道。这种集中的光能足够驱动一种生化循环,从而产生糖分,糖分继而作为一种生化燃料储备下来,植物细胞可以根据需要随时轻易地燃烧它以产生能量。

巨大的任务量

光合作用非常之多,每年光合作用的植物和微生物要产生105千兆克的糖分及类似物质。即1 050亿吨,大概相当于260亿头大象的重量,这么多大象如果搭成通到月球的塔,其长度足够往返136次。

但为什么叶绿素只吸收红色和蓝色的光线呢?如果说植物需要阳光的能量来进行光合作用,为什么不用能吸收所有光线的色素?换句话说,为什么不用黑色素?为什么植物是绿色而不是黑色的?阳光是由不同颜色或波长组合而成的,但各颜色并不是等量的。太阳发射出的光线频谱(波长的全范围)在某些波段比其他波段要强烈些。色素如果对所有波段等量吸收,将会大大降低效率。生成色素也需要消耗能量,色素要吸收越多颜色,就需要消耗越多的能量。自然界的进化规律要求选择最有效率的解决方法,那些浪费能量生成色素来吸收弱的颜色的植物逐渐被更有效率的植物战胜。理论上说,那些阳光中最强烈的颜色被叶绿素吸收得最卖力。为什么叶绿素反射绿色光而吸收红色和蓝色光,似乎显而易见的解释就是红色和蓝色的光在太阳光谱中最强烈,而绿色是最弱的。

实际上,事实刚好相反。太阳光谱中最强烈的部分是绿黄色光。那为什么大多数植物并不用色素来吸收呢?还没有人真正搞清楚这一点,但给出了许多不同的解释。也许是因为阳光中的绿色太强烈,以至于参与光合作用的分子稍微脆弱点的就会受到破坏(这一解释是由此类推而来的:人类呼吸需要空气中的氧气,但是氧气是一种非常活跃的元素,达到一定高的浓度时就会变成有毒物质,如果人类在百分之百的纯氧中呼吸很快就会死亡)。另一种解释是,在光合作用进化伊始,地球已被另一种微生物所主宰,它们用另一种叫做维生素A的色素,来吸收绿黄色光,所以那时在地球上生物的主色调是紫色。这些紫色的微生物吸收了所有的绿黄色光,只留下红色和蓝色的光供光合作用的植物利用。

为什么一年有 365 天?

一年有 365 天是因为地球在围绕太阳公转一周的时间内自转 365 次。

精确点来说,根据美国航空局的数据,一年有 365.25 天,但我们的日历只按整数天算,所以每年多出的这四分之一天就余下来,每四年作为一个整数天来用,我们把这一年叫做闰年,而这一年的日历有 366 天。地球绕太阳一周回到原点的实际时间为 1.000 017 4 年。

其他行星根据距离太阳的远近不同,一年时间长短不等。海王星距离太阳 45 亿公里(28 亿英里),公转一周需要 164.79 个地球年,虽然它的一天比地球上的一天要短(只有 16 个小时),因为它自转得更快。水星以每小时 173 326 公里(每小时 107 700 英里)的速度完成一次公转轨道需要 88 天,因为它是距离太阳最近的行星,受到更强的引力。地球也没偷懒:一年中以每小时 107 826 公里(每小时 67 000英里)的速度围绕太阳运行 945.5 亿公里(5 875 亿英里)。

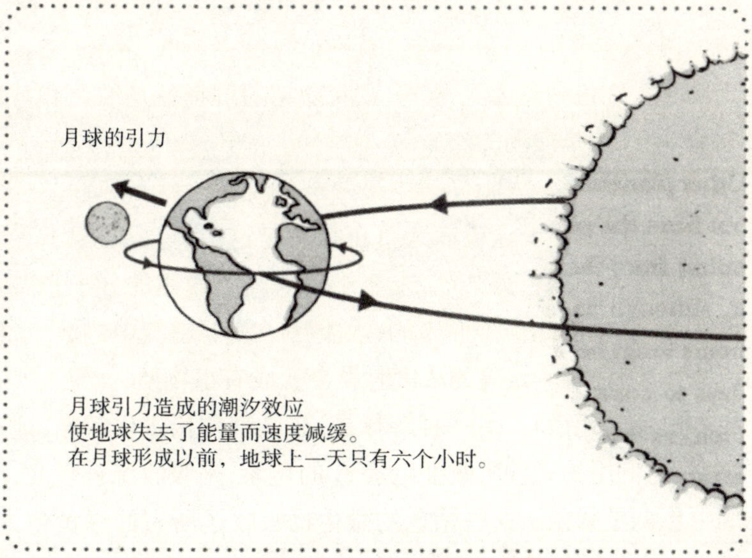

月球的万有引力

地球并不是始终以 365.25 天为一周绕太阳公转的,在其历史初期它的自转速度要快得多。这就意味着一天的时间更短,一年有更多的天数。然后在地球形成几百万年后,有一颗小行星一般大小的物体撞击了当时年轻的地球,造成大量的岩石飞溅到太空中。这些岩石很快聚集在一起形成了月球,由于月球的引力作用使地球的旋转速度减缓下来。在月球形成以前,地球上一天只有六个小时。如果月球从来不曾存在,那么到今天地球上的一天也只有八个小时,一年则会有 1 095 天(见 54—55 页)。

一天至少有 24 个小时那么长,对吗?实际上不是。首先,地球的自转速度正在减缓,大约每个世纪减缓半秒钟。其次,地球沿轴旋转一周实际所花的时间为 23 小时 56 分零 4 秒。不过在其自转过程中,地球同时也在太空中运行,所以再次自转到太阳回到天空中原先位置那一点,另需要 3 分 56 秒,全部加起来一共是 24 个小时。

为什么水会结冰?

水会结冰是因为水分子在降低温度并减缓速度时会互相吸附。

水是一种神奇的物质,实际上,水是我们所知的宇宙中最神奇的物质之一。水的奇特性质对于地球上生物的生存和进化来说是至关重要的,尤其是水有能力形成微弱的氢或氢键的连接。一个水分子由一个氧原子连接两个氢原子组成,这些原子以分享电子的方式将水分子变为一种微型磁铁。就像两个磁铁会互相吸附一样,一个水分子也会通过氢键吸附另一个水分子。

黏结作用

在液态下,单个水分子非常活跃,互相之间非常迅速地组成和破坏氢键。换句话说,它们有足够的黏性粘附成液体(不像在气态下会飞散开),但没有足够黏性保持原地不动。当水的温度降低,水分子失去活力变得运动缓慢,而它们的氢键还保持互相黏结。

很快,每个水分子和其他四个水分子黏结成为一个刚性格子或者叫网络,形成冰结晶,然而这格子结构非常混乱。平均每个冰块含有大约 600 亿兆个分子。如果从宇宙大爆炸开始算起,每周提出一个不同的方式来排列组合这些分子,都没法数尽有可能的排列组合数目。曾经出现过的每一个冰块,其水分子的排列组合方式也许都不尽相同。

几乎所有的物质在降低到足够低的温度时都会凝结。但为什么只有水这么容易结冰?假如没有氢键,水在摄氏零下 90 度(华氏零下 130 度)就会沸腾,那样地球上就几乎不可能存在液态的水了,也就更不可能会存在生命。还有一个更令人疑惑的问题是:“为什么水在凝结成冰后体积会增大,而其他物质冷却后却会缩小?”见第 72 页可找到答案。

为什么会有潮涨潮落？

潮涨潮落是因为在地球自转过程中，月球的潮汐引力停留在了某一处。

想象一下自己正骑在转马玩具上。在平坦的地面上转圈，只有一处地面有个大的凸起。每当你身下的那部分转马经过那个凸起时，你就被升到空中。现在想象一下转马被围了起来，你看不见也无法察觉到自己在转圈(你能看见的所有东西都在以同样的速度转圈，所以对你来说好像自己根本就没在动)。你只感觉到，每隔 30 秒地面就上升一次。这种情况就跟坐在海边看潮起潮落相类似。看上去好像是海水在运动，而海岸是静止的，但实际上是海岸随着地球表面的其他部分在一起运动，而那个"凸起"才是静止的。在这里，"凸起"就是月球的潮汐引力。

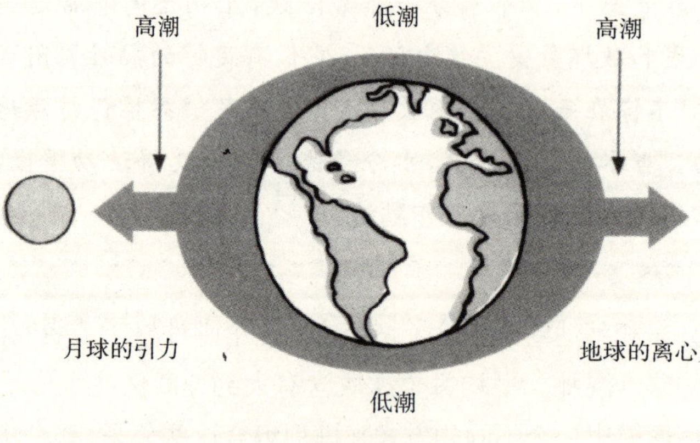

月球的潮汐作用

潮汐是由地球和月球之间的万有引力造成的。地球上的陆地由于太硬所以不能随月球潮汐引力而移动，但海洋是液体，所以被它牵引过去。结果就是海洋朝着月球的方向涨潮。月球的确是在围绕地球做转动，但相对于地球每天的自转速度，它的移动速度非常之慢。所以无论从哪点上来看，月球在地球自转过程中始终处在同一位置。这就意味着由月球引起的涨潮始终停留在同一位置。你所处的海滩每 24 小时经过一次涨潮,在地球背向月球的另一面还有一个互补的涨潮,所以海滩每 24 小时要经过两次涨潮,这就是为什么一天有两次潮汐。每当海滩经过涨潮时,海平面开始上升,这就是潮汐正在来临或流动,直到它到达最高点——高潮。然后当海滩渡过了涨潮,潮汐离开形成退潮。

潮汐也会被太阳的引力以及海洋深度和陆地形状所影响。在加拿大新斯科舍的芬迪湾海岸,由于海岸和海底形状的缘故,形成了世界上最大的潮位变幅(高潮和低潮之间的差),高达 17 米(18.6 码),相当于四层楼的高度。

为什么物体会燃烧?

物体燃烧是因为物体和氧气结合后会转变到更低级的能量状态。

燃烧,严格意义上称为氧化,是一种化学反应,当某种物质与氧气结合时以光和热的形式释放能量的过程,就是我们通常看见的火焰。物质一开始都是处于高级的能量状态,和氧气结合后最终变到更为低级的能量状态。从能量状态的角度来看,物质就像水一样,总是往低处流动。只要有可能,物质总是倾向于从高级的能量状态,向更低级、更稳定的能量状态转变。

氧化反应最简单的例子就是氢气在氧气中燃烧。这两种气体结合产生水,而水比这两种气体都要稳定得多:试试对着它生火,你自己就能看出来了。对比可见,氢气和氧气都是极易燃烧的气体,因为它们都以比水高得多的能量状态存在着。前后两种能量状态的不同在于,氧化反应过程中释放的能量。氢气在氧气中燃烧时,能释放大量的能量,这使得氢气可作为很好的火箭燃料。将承担登月任务的阿波罗号送上太空的土星四号火箭就是用的氢和氧作为燃料,多达 360 万多升(960 000 加仑)!仅仅第一阶段的油罐携带的液氧燃料就足够装满 54 辆公路油罐车。

生　火

如果燃烧使物质从高级的能量状态转变到更低级的能量状态,为什么像木头这样的可燃物不会自发地着火呢?实际上,木头很难点燃,比如有人如果想要在雨中生起营火,就会深有体会。有些物质可以自燃,但不会持续很长时间。大部分物质需要一个能量的爆发来启动氧化反应。这个能量叫激活能。

燃烧木头产生的能量转化过程就像水从斜坡顶部流到底部,而水必须先经过激活能这个顶峰才能往低处流动。一旦有个小小的推动力将它推过顶峰,它就持续往低处流动直到到达地平面。类似的,一旦木头被点燃的火柴所驱动,就会燃烧直至灰烬。从能量的角度来说,灰烬就等同于地平面。实际上,木头的情况要复杂得多,因为不是木头本身直接燃烧;而是一旦达到它的燃点 260 摄氏度(500 华氏度),热量会使它破散开,其中有部分转化为气体,真正燃烧的是这些气体。

为什么 $E=mc^2$？

$E=mc^2$ 是因为质量和能量不过是同一事物的两个方面。

爱因斯坦的这一著名公式通过数学的方式阐述了所谓的质量与能量的等价关系。虽然在日常生活中，我们把质量和能量看做是完全不同的两件事，但物理学家认为，它们只不过是同一事物的两种不同属性。

在爱因斯坦的这一公式中，E 代表能量，m 代表质量，c 代表光速。他的公式说的是，质量和能量是可以相互转换的，如果你想要算出一定量的质量等于多少能量（或是相反），可以通过乘以或者除以光速（c）的平方来换算。通常光速以英里每秒为单位进行计算，即 $c^2=186\ 282\times186\ 282=34\ 700\ 983\ 524$ 英里每秒，这一数字太大。但在等式中你可以按需要将这一单位设为任何数，如果你设为 $c=1$，那么 $E=mc^2$ 就变为 $E=m1^2$。1 的平方是 1，所以这就等于说 $E=m$，或者说能量＝质量。

爱因斯坦是在发现物体获得能量时会变得更重（严格意义上说，是变的质量更大了，因为重量和质量并不是一回事，但日常生活中我们可称它“更重”了）之后，提出这一公式的。当你晒日光浴变热时，你会变得更重。当试管中的水结成冰，重量会变轻。但是变化的量微乎其微，以至于你根本察觉不到。要算出获得能量时增加了多少质量，得变换下爱因斯坦的公式。把 $E=mc^2$ 变成 $M=e/c^2$，换句话说你得用能量除以光速 c 的平方，那是个天文数字，所以得出的结果是个极其微小的数字。

举个例子，充满电的电池比用光电的电池要重 0.000 000 000 1 克。如果给一公斤重的金子加热 10 摄氏度（50 华氏度），就会多出 0.000 000 000 014 克。除了热能和化学能以外还有其他类型的能量。让物体运动，你就给了它动能。每当你投球时，球获得动能，同时微微增加了重量。当投手以 160 公里每小时（100 英里每小时）的速度投出球，球的重量会增加 0.000 000 000 002 克。物体运动越快其重量会变得越重，这是个非常重要的事实，这也解释了为什么没有物体能运行得比光速更快——见第 90 页。

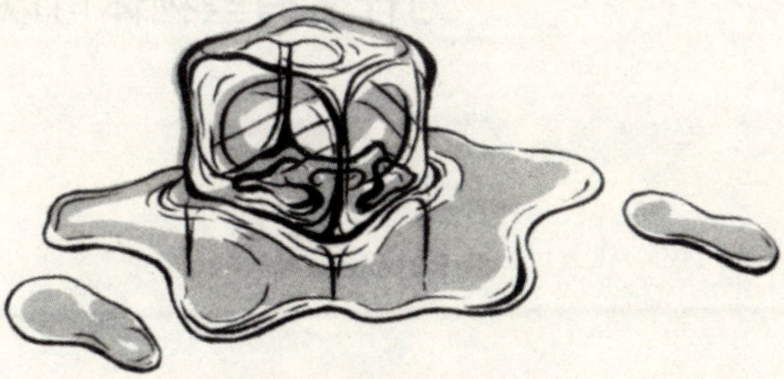

当你晒日光浴变热时，你更重了。
当试管中的水结成冰，重量变轻了

这一等价关系从另一个角度也同样生效：质量等同于能量，所以当某个物体质量减少，会释放能量。我们可以说是质量转化为了能量。因为可以通过质量乘以光速的平方来计算出能量的多少，由此可以看出即使很小的质量也能转化为巨大的能量。这就是原子弹的基础，也是核聚变反应产生太阳能量的基础(见第 3 页)。仅仅一公斤的物质转化的能量就足以把地球上所有人都送上太空。如果你自身全部质量转化为能量，将会比 30 个原子弹爆炸还要猛烈。

为什么有些物体可以浮在水面上？

如果一个物体比占同等体积的水重量轻，它就可以浮在水面上。

当某个物体的密度比水小，它就是有浮力的。这里的“物体”指的是物的整体，所以即便船是由比水密度大的铁做成的，它仍可以浮在水上。因为铁中还容纳了很多密度低的空气，从而降低了船整体的密度。泰坦尼克号重达 46 000 吨，但仍能浮在水上，因为它所取代的同样体积的水要比它更重。如果泰坦尼克号从底到顶都灌满了铅，那么它就比所取代的同体积的水更重了，就必然会沉没。实际确实如此，当冰山在泰坦尼克号侧面撞出一个洞，进满海水之后它就不再有浮力而很快沉没了。

宇宙中浮力最小的物质是组成中子星的材料。它是目前所知的密度最大的物质，也是能够存在的密度最大的物质。像方糖那样大小的中子星，重量要比整个人类加起来都重。如果我们的太阳和中子星密度相同，那它就应该挤在比珠穆朗玛峰还小的空间里。

将重量去除

想要体验下更大的浮力，可以去死海漂浮。死海是位于约旦和以色列边界和西岸的一个盐水湖。因为其中的盐分比普通的海水要高六倍，所以死海的水密度更大，从而能够提供更大的浮力，这也就是为什么身在其中更容易浮起来的原因。

传说浮力的法则是由古希腊的数学家阿基米得首次发现的，这就要提到他那著名的“尤里卡”事件。故事是这样的，有一次叙拉古(古希腊城邦，位于西西里岛东部)的国王将一块纯金给金匠用来打造桂冠，但又怀疑金匠骗他，掺进银来偷走部分的金。国王请来阿基米得帮忙拆穿骗局。阿基米得知道，金银合金的密度比纯金要低，所以如果桂冠不是纯金造的，那么必然会比一块同样重量的纯金要大(即体积更大)。阿基米得躺在浴缸里时思索着这个难题，这时他发现，身体越往下躺，就有越多的水从浴缸里溢出来。他发现从浴缸中溢出的水，体积恰好等于身体所占的空间大小，利用这一原理可以测定桂冠的体积。他太兴奋了，光着身子就从浴缸里跑了出来，大声喊着“尤里卡”(希腊语：“我想到了！”)，跑到街上手舞足蹈起来。

在这个传说中，阿基米得将一块和桂冠重量相等的纯金放入碗中，放满水到碗的边缘。然后拿走金块再将桂冠浸入水中。碗中的水溢了出来，证明桂冠的体积更大，比纯金的密度要低，所以一定被掺了假。最后金匠得到了应有的惩罚。

自伽利略以来，有众多评论者指出，桂冠和金块之间体积的差别微乎其微，这个方法在现实中根本行不通。但从阿基米得遗留的著作中可以得知，他确实探索了浮力的法则，所以能想到这个巧妙的，以水占体积为基础的方法，来解决有些异样的桂冠这么个难题，这似乎也很可信。

为什么苹果会落下来?

苹果会下落是因为它被指向地心的引力所牵引。

众所周知的,艾萨克·牛顿被落下的苹果砸中脑袋时,构想出了引力,或者起码传说是如此。牛顿并不是第一个思考引力问题的人,所有人都知道,我们丢一个东西,它就会落下。他的突破在于,发现引力是自然界最基本的力,对万事万物都有影响,小到苹果落下,大到月球绕地球运转的轨道。1666 年的夏天,牛顿坐在花园里,这时他看见一个苹果从树上落到地面。就在这时他想到了更深层次的问题,是什么使得月球始终沿着其既定的轨道运转。他突然想到,将苹果牵引向地面的引力,和同样将月球牵引向地球的力,这两者之间一定有什么关联。他甚至可以计算出这个力的强弱,以及随着距离不同而产生的强弱变化。

牛顿最终得到的答案是,引力是所有物体之间都存在的吸引力,它的强弱由物体的大小及相互距离的远近所决定。一个苹果和另一个苹果之间也存在引力,只不过

因为太过于微弱，以至于小到无法测量。而地球就要大得多，它和靠近它的物体，如比苹果，互相之间的引力就非常强，强到能让苹果脱离树枝而以加速度下落到地面，其加速率为 10 米(10.94 码)每秒每秒(即每秒苹果下落的速度增加 10 米每秒)。更大的行星具有更强的引力，在木星上，苹果落下到地面的加速度是 26 米每平方秒(28.43 码每平方秒)，而在太阳表面，苹果落下的加速度是 274 米每平方秒(299.65 码每平方秒)，也就是说，只需要三分之一秒就可以加速到一号方程式赛车那么快。

在牛顿那个时代的 240 年后，艾伯特·爱因斯坦更进了一步，改变了我们对于引力的看法。他说宇宙是由时空组成的，物体会造成时空结构的凸起，就像在橡胶板上放的球。大的球，比如地球这样的，造成非常深的凸起，所以较小的球，比如苹果，就沿斜坡滚入凸起中。凸起的陡峭程度决定了其他的球落入其中的快慢——也就是引力的大小。所以爱因斯坦或许说过，苹果落地的原因在于，它是沿着时空的轮廓运动，而这一轮廓被地球的质量扭曲了。

为什么我们的太阳系有这么多行星?

我们的太阳系有这么多行星,是因为我们的太阳并没有增长得太大太快,从而为大量行星的形成提供了空间和时间。

我们的太阳系有八大行星。曾经有过九个,但在 2006 年召开的国际天文联合会(IAU)决定,冥王星太小,因而不把它看作是行星,应该重新归类作为矮行星或柯伊伯带天体。柯伊伯带是在太阳系外围由一些大型天体组成的区域,其中许多天体与冥王星同样大小甚至更大。国际天文联合会断定,如果冥王星被归为行星类,那么其他这些类似天体也应该同样算作行星,这样一来我们的太阳系就可以说是拥有 12 或是更多的行星了。

行星或许形成于一种被称为吸积盘的物质。这个巨大的云团由漂浮在太空中的气体和尘埃组成,在几百万年前开始了行星的生命。后来某种物体打乱了这个云团,也许是附近某个星体爆炸产生的冲击波,推动了一些气体和尘埃相互聚拢。当一些云团集中在某处,引力会比其他地方要强,这个集中区域很快变成一个巨大的球体。

因为被挤压在一起,这些球体开始升温,变成原恒星,一个年轻的太阳。云团的其他部分被挤进一个圆盘,围绕原恒星旋转,直到圆盘的温度降低使气体凝结成冰和岩石颗粒。其中一些稍大的颗粒开始吸积(即提取)其他比它更小的颗粒,吸积盘由此得名。它们不断变大,进而变为小行星般大小的天体,称作星子,接着这些星子相互碰撞,在我们的太阳系,这一过程最终演变为我们如今所知的八大行星。

假如原恒星再大些,有可能分裂成两个恒星,这两个恒星有可能清空许多吸积盘,从而只留下少量物质形成行星。假如原恒星更热些,吸积盘就永远不会冷却到能使气体固化成冰和岩石的温度,那么就不可能形成行星了。还有很多其他因素的变化也有可能改变最终形成行星的数量。例如,假如木星的轨道稍稍不同一点,就会将其他大部分行星撞出既定轨道,飞入太空。

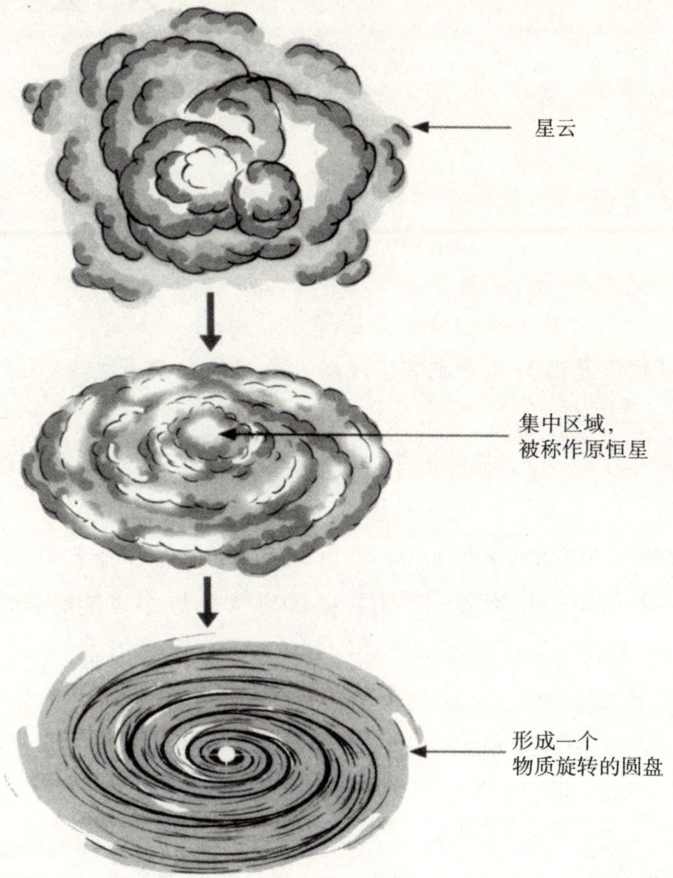

吸积盘的构成

为什么宇宙在扩张？

宇宙在扩张是因为其中充满了比物质更多的暗能量。

根据宇宙大爆炸理论，宇宙起源于一个无限小的点，以难以置信的速度扩张，这一过程称作膨胀。从本质上一无所有膨胀到太空斗那么大仅用了 10^{-34} 秒(也就是0.000 000 000 000 000 000 000 000 000 000 000 01秒！)。宇宙初期的这一膨胀速度是光速的 3 兆兆兆倍。一开始造成宇宙扩张的是大爆炸引发的膨胀压力，因此宇宙虽然才经历了 137 亿年，现在跨度却已经达到约 1 500 亿光年了。

大爆炸的结果，是产生了许多物质，它们以气体、尘埃、恒星、星系、黑洞等形式出现。质量产生引力，引力是将物体吸附在一起的力，所以假如宇宙仅仅由物质所组成，引力的作用方向应该与大爆炸引发的向外膨胀的推动力方向恰恰相反。天文学家应该能看到宇宙的扩张速度在减慢，甚至是在往相反方向收缩，但实际上他们观察到的是，扩张的速度在加快。这充分证明宇宙中一定充满着某种未知的能量，但问题是没有人能够观察到这种能量，也无法得知它究竟是什么。

在黑暗中

科学家称这种能量为暗能量。已得知宇宙的大约70%必定是由暗能量组成的，另外还有 25% 不可见的物质称为暗物质。宇宙中所有可见物质，包括所有星系，恒星，行星，黑洞，星云，加在一起也不过只占其整体的 5%。就是暗能量造成了宇宙不仅在扩张，而且是在日益加速地扩张。

天文学家是怎样得知组成宇宙的物质有多少的呢？他们通过测量某种宇宙背景微波辐射(CBMR)的方式来推测，宇宙背景微波辐射是大爆炸的残留物，类似非常微弱的回声。宇宙背景微波辐射占宇宙中辐射的99%。你自己就可以观测到它,只要打开电视机,不要调到任何频道,你所看见的静电干扰,其中大约1%就是电视天线在接收宇宙背景微波辐射。

为什么我们听不见狗哨?

我们听不见狗哨是因为它们发出的声音对于人类的听力来说音调太高了。

人类只能听见有限范围的音调或频率。我们听不见音调太高或频率太高的声音,这些声音被称作超声波,而音调或频率太低的声音被称为次声波。测量声音音调或频率的单位为赫兹(Hz)或每秒振动次数,1 赫兹=每秒振动 1 次。每秒振动一千次就叫一千赫兹,或 kHz。虽然年纪轻的人比年纪大的人能听见的音调范围要更大些,女性比男性能听见的音调范围要更大些,但是大部分人只能听到 20 赫兹~20 千赫兹范围内的声音。狗能听见的音调比我们人类的更高,所以它们能听见狗哨,发出的声音大约在 20~22 千赫兹范围内。狗哨让驯狗人或狗主人发出很大的声响,使狗在很远处都能听见,但是却不会打扰到其他人。这哨子本身并没有什么特殊的力量能命令狗,动物只有经过训练才会对它有反应。

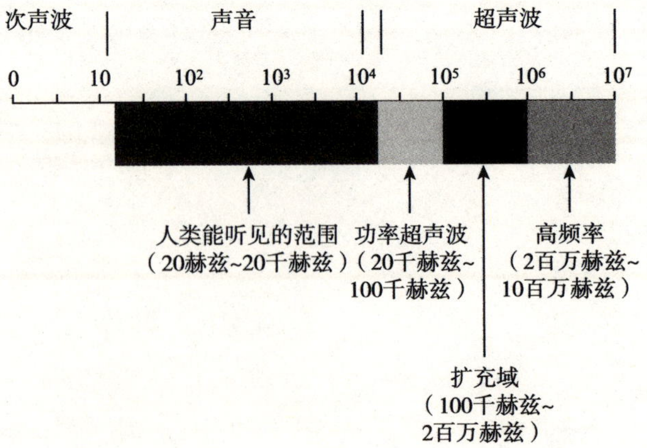

声波的频谱

能听见超声波的动物还有蝙蝠和海豚,它们利用超声波发声和口哨来形成回声定位。这就是动物版本的声纳定位系统。通过发出声音并测算收到反射的时间长短,这些动物能够"看见"声音。也有许多动物利用次声波。长颈鹿通常被认为是一种不会发声的动物,但实际上它们会不时地利用次声波相互交谈。还有其他许多大型动物利用次声波,老虎会利用次声波来震晕猎物,大象发出的次声波隆隆声能被远在六英里外的另一头大象听见。蓝鲸发出的次声波音量非常之大,甚至能把在它喉咙附近游泳的人脑浆震烂!像地震和海啸这样的自然力也会产生次声波,普遍认为,动物能够避免被海啸卷走是因为它们能在海浪来袭之前接收到次声波的预警。

那么为什么人类听不见次声波和超声波呢?答案也许和人类身体的大小以及我们对声音的用途有关。像大象和老虎这样的大型动物需要大量食物,所以它们负担不起同许多同类个体一起生活,否则很快就会耗尽食物。但它们仍然需要通过交流来寻找配偶及吓退敌人,所以它们利用次声波,因为在很远处就能被听见。体型大也使得它们易于发出大音量低频率的声音。小型动物更易于发出高音调的声音,这更适合它们的需要,因为在短距离内交流非常有用。从体型大小来说,人类属于适中,而我们需要听见的声音都是诸如别人的语音之类的,所以最有用的频率范围就是大约 20 赫兹～20 千赫兹。自然界的进化规律青睐能最有效利用自身资源的个体,而如果发育出既能听见次声波又能听见超声波的听力系统,在物质和能量方面都非常浪费。因此最有效的解决方法就是发育出只能听见最有用频率范围的耳朵,而现实情况也的确如此。

为什么铁会生锈?

铁会生锈是因为当周围有水时铁会和氧产生化合反应,生成一种新的物质叫做氧化铁,或者叫做铁锈。

铁容易转化为氧化铁,原因和木头容易燃烧一样:和氧气结合后达到一种更低更稳定的能量状态(见第12页)。实际上,生锈也可以表述为另一种氧化形式:一种非常缓慢的燃烧形式。

另一种看待生锈的方法是把它看作是一种电解反应,就像电池里发生的反应一样。电解反应是一种电气化学过程,涉及电流和化学品。电流是电子(带负电荷的亚原子微粒)的运动,在电解反应中电子从一块叫做阳极的金属而来。阳极与氧气结合产生一个电子,沿着叫做电解质的液体流动。生锈时,阳极就是一块铁,电解质就是水。如果这水含有盐分,就会作为更有效的电解质。这就是为什么盐会使生锈加速,相应的这也解释了为什么暴露在海水中的东西生锈更快。但盐并不是必不可少的条件,即使是纯净水也可以溶解空气中的二氧化碳而产生弱酸,而这也可以作为电解质。

自由女神

其他金属也会形成氧化物,但不叫铁锈。铜会形成一层叫做铜锈的氧化物。铜锈和铁锈的重要区别在于,铜锈能够保护其下层的金属。自由女神像的表层就是由铜打造的,它上面形成的铜锈非常有效地保护了雕像免受侵蚀,以至于暴露在雨水和海浪中长达100年后,修复雕像时唯一不需要更换的就是它的表层。在这么长时间里,仅仅产生了0.127厘米(0.05英寸)厚的铜锈。而与此相反,铁锈却不能保护下层的铁,所以一块铁最终将会整个变成氧化铁,完全化为碎屑。

钢是铁中加入微量的碳强化而成，但是像铁一样也会生锈。不锈钢是一种防锈的钢合金(一种混合物)，在其中加入镍和铬制成，它们会捆绑在铁原子上，使得铁原子无法和氧结合。另一种保护钢的方法是将其覆盖一层防锈涂层。第四铁路大桥是世界上最大的钢结构建筑之一，有 400 000 平方米(478 396 平方码)的表面积必须免受腐蚀，所以被"涂上"了一层锌和一层玻璃薄片组成的涂层。假如没有这层保护，桥中 50 000 吨的钢最后全都会粉碎成红色的细末。

为什么血是红色的?

血是红色的因为其中含有铁。

在血红细胞中发现一种叫做血红蛋白的蛋白质,其中有铁的成分。血红细胞呈类似甜甜圈的形状,漂浮在一种叫做血浆的液体中,在全身所有静脉和动脉中循环流动。

血浆本身是暗黄色的,但其中悬浮着成亿的血红细胞,大约每毫升血液中就含有500万个。人体大约共有6.82升(12品脱)血液,占全身重量的7%左右。人体的心脏像水泵一样以极快的速度将血液抽送至全身运转,平均每个血红细胞每分钟要在全身循环三次,一天要运行19 000公里(12 000英里),相当于从加利福尼亚到纽约往返距离的两倍!

外部呈蓝色

有一个普遍的误解,因为在皮肤下的静脉看上去是蓝色的,所以认为其中的血液也是蓝色的。确实,静脉中的是去氧血(这些血液已输送掉了大部分氧,正回到肺中去吸收更多的氧),这与动脉中的富氧血在颜色上稍有不同。

但是,静脉看上去呈蓝色,只是因为光线中的所有颜色只有蓝色光能穿透皮肤,在静脉外壁反射回来,再透过皮肤映入人眼中。去氧血实际上呈暗紫红色,而富氧血呈鲜红色,暗红色血一旦暴露在空气中很快就会因为吸收氧气而变成鲜红色。

并不是所有的血液都是红色,马蹄蟹和一些其他动物拥有蓝色的血液,而昆虫或许拥有绿色的血液(虽然那并不是真正意义上的血液)。马蹄蟹的血液呈蓝色,是因为其中没有血红蛋白,而是另一种相关的蛋白,叫做血蓝蛋白,含的不是铁而是铜。

血蓝蛋白在去氧状态下是无色的，使得螃蟹的血液呈浅灰色，但是一旦铜和氧结合就会变蓝，使得马蹄蟹的血液呈现出醒目的蓝色。

昆虫的“血液”并不用来输送氧气，所以实际上不该被称做血液，正确的术语叫血淋巴。如果昆虫不会用血液来运送氧气，它们的细胞是怎样得到所需的氧的呢？昆虫进化出一种更加直接的途径来输送氧气：一种遍布全身各个角落的气道系统，从而使每个细胞离氧气的直接来源都不远（这点往往限制了昆虫最大可能达到的尺寸上限，也就是为什么哺乳动物可以像蓝鲸那么大，而昆虫最大也不过蟑螂那样只有手掌般大小）。昆虫利用它们的血淋巴来输送养料，血淋巴有可能无色，或是提取了它们所吃食物的颜色，这就是为什么食草昆虫有时会含有绿色的血液。

为什么树会落叶?

树会落叶是因为,树叶变得过于干冷或灰暗,无法进行光合作用了,所以不值得再保留。

并不是所有的树都会落叶。不落叶的树叫做常青树。一次性落光所有树叶的树叫做落叶树(来自拉丁语的“落下”)。有些常青树,比如热带雨林中的有些树,也会落叶但不是一次性落光。所以实际上这里有两个问题。第一,为什么某些树会落叶?第二,为什么有些树会一次性落光所有树叶?

维持树叶生存需要消耗能量。但将它落下同样需要消耗能量,因为无论如何当落下树叶后,留在其中的养分对树来说都是损失掉了。当维持树叶生存比落下树叶需要消耗更多能量时,树就会落叶。这有点像拥有一辆汽车,通常情况下持续维修已有的车比重新买一辆新车要便宜。但是当这辆车变得太过破旧时,从长远来看还是将它废弃掉弄辆新车要更划算。

当维持树叶生存比落下树叶
需要消耗更多能量时,树就会落叶

在干燥的季节或寒冷阴暗的冬天，维持树叶生存所需要消耗的能量上升，同时它能产生的光合作用的量下降。光合作用依赖于水和光照，随着温度下降光合作用的比率也在下降。因此生长在北方和南方的许多树，在秋天来到时，它们的树叶实在是不值得保留。对于阔叶树尤其如此，它们都有大而脆弱的树叶，会被霜冻破坏。所以落叶树就会判定尽快抛弃这些树叶，换句话说，一次性落光所有树叶。一棵生长完全的树有 200 000 多片树叶，在 60 年当中，总共会落下超过 1.5 吨的树叶。全世界有 4 000多亿棵树(大约地球上平均每人有 60 棵)，所以合计起来的树叶数量是非常巨大的。

一旦某棵树判定从长远来看还是废弃掉其中一片树叶要更划算，它会在切断树叶之前尽可能地抽干其中养分。正是这个抽干养分的顺序，改变了树叶的颜色。树叶原本是绿色的，因为其中含有许多叶绿素，帮助它们获取蓝色和红色的光(见第 5 页)，但同时它们也含有其他种类的色素，帮助获取其他颜色的光。这些色素有胡萝卜素(呈黄色)和类胡萝卜素(呈黄色、橙色和红色)。因为这些色素当中叶绿素最有价值，所以最先从树叶中被抽取出来，留下其他颜色，所以树叶会变成红色、橙色和黄色。最后这些颜色也被抽取掉，所以只剩下呈棕色的鞣酸。

为什么植物在春天开花?

许多植物在春天开花,以便利用好天气来繁殖,并且可以留有时间在夏天产生种子。

并不是所有的植物都在春天开花。一年中任何时候都有花开。但春天是开花最普遍的时候,因为植物在这时开花可以使各项需求达到最佳平衡。

植物的最终目标是繁殖,但要达到这一目标必须经过一系列的步骤:受精(这就是花从何而来),培育和散布种子(意思是将种子撒到它们能生长的地方)。当条件良好时这些工作是非常简单的,换句话说,当有充分的阳光和水分,温度足够高,并且天气不是太恶劣的时候。在地球上的温带(诸如欧洲,北美洲大部分地区,日本,阿根廷,俄罗斯的大部分地区和中国),最好的天气在夏天,植物据此来安排自身活动时间以便利用这些条件。

媒　　介

植物利用花朵来吸引昆虫,因为植物需要依靠它们的帮助来传播花粉。授粉相当于植物的性交,即是将雄性配子和雌性配子结合到一起达到受精的过程。因为植物不能四处走动来寻求配偶,所以它们只能依赖昆虫来代替。昆虫被花朵引诱进来,停留在花朵上时身上会沾上一些花粉,然后又带到下一朵花上。

如果植物在冬天开花,它就需要费力获取足够多的能量来构造一朵花(这可是一项能量密集型的工作),周围也不会有许多昆虫帮助传播花粉(见下),并且恶劣天气,诸如大风、降雨和霜冻,也会伤害或毁掉娇弱的花朵。如果植物等到夏天,确实会有更多的能量以供开花,但那样就没有足够的时间在冬天再次来临之前培育种子并在周围散布。似乎对于大部分植物来说,春天是开花最好的时节:天气一天天变好,有阳光提供能量,周围有足够多的昆虫。这样一来植物就有整个夏天以便利用好的条件培育出健康、成功的种子。

花朵还会提供特殊的方式来吸引昆虫,例如花蜜。蜜蜂从花朵中采集花蜜,并带回蜂巢,制作成蜂蜜,保留到冬天附近没有花朵可采时再吃。制作蜂蜜需要很多花蜜:要做 450 克(1 磅)的蜂蜜,蜜蜂需要飞行大约 88 513 公里(55 000 英里),从 200 万朵花中汲取花蜜。但那也值了,只要 28 克(1 盎司)的蜂蜜,就能提供足够能量让一只蜜蜂环绕地球一周了。

植物怎样得知什么时候是应该开花的准确时间呢?有些植物似乎会在开花前测量温度,还有些植物依赖于计算日间的小时数。另外,有许多植物在开花前需要一次寒流的冲击,例如冬天的霜冻。有证据显示,气候变化确实改变着许多植物开花的时间。根据科学杂志的研究,在过去的十年中,英国有 385 种植物初次开花的日期平均提前了四天半,七分之一种类的植物开花时间提前了 14 天以上。

为什么我们会衰老?

我们会衰老是因为我们身体的修复机制停止了正常工作，就像旧汽车一样开始出故障了。

实际上这更像是一种对于我们怎样衰老的描述。没有人真正知道我们为什么会衰老。不是所有的动物都会衰老，所以也许对人类而言不衰老也是有可能的。

各种不同的生物学理论都很关注衰老问题。有些人认为我们的身体只能够承受这么多损伤，治愈了这些损伤之后修复机制就会耗尽而停止工作。另一种理论关注的是我们的细胞通过什么样的方式来避免转变为癌细胞：也许正是同一机制，帮助年轻的人避免患癌症，在细胞变得有危险之前就杀死它们，这也最终导致了人的衰老。这一理论称做拮抗性多效理论。第三种理论被称做一次性躯体理论，说的是我们自身身体的存在仅仅是为了将生殖细胞传给下一代，就像一个通讯员，唯一的任务就是传递讯息。只要他完成了传递信息，通讯员本身(或者叫生物学上的术语：躯体)被损伤也好，被杀死也好，都无所谓了。换句话说，通讯员或躯体是用后即可丢弃的。

阿尔德不拉巨龟

所有这些理论都认为，衰老是没有目的性的，我们会衰老是因为不可能避免衰老。但有些动物似乎不会衰老。阿尔德不拉巨龟可以活到至少 255 年，也许还能活到永远不死。阿留申石斑鱼也差不多(已知寿命最长的活到了 205 年)，甚至连不起眼的龙虾也能活很久。圆蛤可以活到 400 年以上！至今为止发现的寿命最长的动物是一只昵称叫 Ming 的圆蛤，当它在冰岛附近海域被打捞上来时，已经超过了 405 岁。

考虑到有些动物拥有不会衰老的能力，一些生物学家提出衰老确实是有一定功能的，衰老实际上是由我们的进化而形成的。衰老和死亡也许是为了帮我们的后代成功清理道路，或者也许是衰老提出一项生存挑战，充当一种测试的作用，淘汰弱者，只有最强者才能生存。如果衰老真的是我们进化而来的，那么衰老的过程一定在我们的基因控制之下，相应的我们应该可以对它有所作为。基因科学的发展和改写基因的能力(基因工程)或许能让未来的人们永葆青春。

为什么我们会感觉到疼痛?

我们感觉到疼痛才能让我们知道要去阻止造成疼痛的行为。

疼痛是我们的身体给大脑发出的受伤信号。如果有什么东西对细胞,比如说人的脚,造成了伤害,脚上的疼痛感受器就会发出神经信号,沿着神经传达到大脑。大脑将这些信号转化为痛觉,促使人的行为去阻止疼痛。如果踏上一块非常尖利的石头而开始产生疼痛,人就会把脚移开。假如没有疼痛,人就不会知道要把脚移开,最后也许连那只脚都保不住,这样对人的幸存概率毫无益处。

感觉不到疼痛的人往往活不了很久。有些病症,例如脊髓空洞症,会让疼痛感受器停止正常工作,结果人就感觉不到疼痛了。在很多情况下这会非常危险,如果人无法发现割伤了自己的脚,就不会知道要阻止感染(如保持清洁)。但对于没有痛感的人来说最大的危险是关节损伤。人体如果太长时间保持同一姿势不变,关节就会开始发痛,促使人在关节受伤之前变换姿势。患脊髓空洞症的人不会去变换姿势,因为他们无法发现关节正在受损,结果就是关节被整个毁坏掉。最终他们会死于败血症。

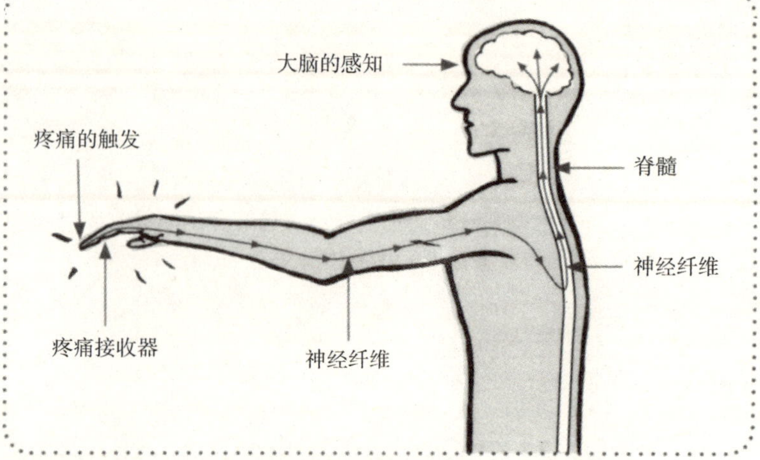

痛感:从触发到感知

疼痛难以描述，因为每个人的体验不同。贾斯廷·施密特(Justin Schmidt)博士专门研究各种叮咬人的昆虫，他设计了一套等级标准来测算和描述不同的昆虫叮咬所造成的疼痛感。在标准的底部，疼痛等级为1.0的是汗蜂，施密特将这种叮疼描述为“轻微的……几乎甜美的……(就好像)有微小的火花在手臂上烧焦了一根汗毛”。靠近标准中部的是牛角相思树蚁，疼痛等级是1.8。被它咬到的感觉为“像是有人在脸颊上钉进订书针”。最疼的昆虫是食蛛鹰蜂：它的叮咬得分4.0，施密特描述为就好像“正在开着的吹风机掉进了泡泡浴缸内”。

为什么我们要睡觉?

我们靠睡觉来给身体电池充电,从而使大脑能够重新接通。

人们从前一贯认为,睡觉没有特别的原因,只是动物在停止活动时,为了节省能量,避免麻烦而自然发生的。但现在我们知道,所有的动物都要睡觉,即使是那些生活在海里、为了生存必须时刻保持活动的动物。我们也知道动物如果得不到足够的睡眠会倍感痛苦,最终会死掉,所以睡眠一定是大有原因的。换句话说,睡眠确实是有其目的性和功能性的,只不过我们还对其不得而知。

磨损和消耗

关于我们为何需要睡眠有很多不同的理论。不让睡觉动物就会生病,会死掉:它们的伤口无法愈合,体重会减轻,皮肤会变差,免疫系统会崩溃。所以我们需要睡眠的原因之一,或许是身体能以某种方式修复和照顾自己,而这在清醒状态下无法达到。

保持不睡觉时间最久的人持续了 264 个小时(11 天),虽然也有人声称有个英国女人在摇椅马拉松里持续不睡觉长达 18 天 21 小时。持续这么长时间不睡觉的人会产生幻觉(感觉到并不存在的事物),丧失记忆,变得偏执,思维混乱,脾气暴躁,连加法运算或计数这样简单的事也做不了。长期缺乏足够睡眠会干扰记忆力,使人丧失学习能力。研究人员发现,处在睡眠中的大脑有活动爆发的迹象。这使得科学家提出,睡眠的功能之一,就是为大脑提供重新组织自己的机会,将白天获取的所有信息进行存档,并做一些清醒时无法做到的工作。

世界上最能睡的动物也许要算考拉熊了,它们每天要睡 22 个小时左右。据推测雄性狮子每天要睡多达 20 个小时(让雌性狮子去干大部分的活)。虽然还存在争议，但我们可以认定海豚是睡得最少的动物,因为它们始终有一边大脑保持清醒(一只眼睁着)——也许它不这样做就会被淹死。

为什么我们有46条染色体?

人类有46条染色体,因为与我们有共同祖先的类人猿有24对染色体,人类从类人猿分化出来一段时间后,其中两对染色体合并了。

人类有23对染色体,每对两条,总共有46条。类人猿,比如黑猩猩和大猩猩,有24对染色体,每对两条,总共48条。600~800万年前,人类和类人猿的共同的祖先,有24对染色体,每对两条。但后来随着人类从类人猿分化出来,24对中的两对染色体联结在一起,形成了人类的染色体2。染色体2看上去就像是两条黑猩猩的染色体合并在一起,因为从进化论的角度来说也确实如此。

出人意料的是,实际上染色体融合非常普遍。1 000个婴儿中就有一个拥有两个染色体联结,通常这对她/他们的健康并没有任何影响(虽然她/他们有一半的卵子或精子会比较脆弱)。其他动物身上也会发生同样情况,野马有33对染色体(总共66条),而驯养的马有32对(总共64条)——换句话说,马在最近这段时间才经历了染色体融合,而人类在几百万年前就有过同样的经历。

土豆先生

人类有46条染色体,因为我们的类人猿祖先有48条,但为什么他们有48条?没人知道原因。植物或动物的染色体数目似乎没什么特殊的重要性。我们跟土豆所拥有的染色体数目相同。鸡有78条染色体,金鱼有94条,还有一种蕨类植物(瓶尔小草属藻)有1 260条。

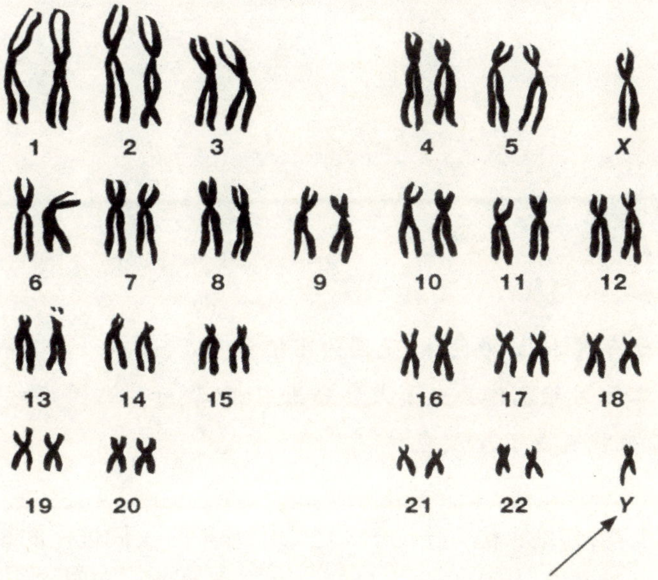

人类男性的 23 对染色体

动物或植物所拥有的染色体数量有可能只是偶然的错误造成的。当动物或植物产生特殊的生殖细胞(配子)时,通常会将染色体组分裂成两半。人类的情况是,每个精细胞或卵细胞只有其中一组 23 条染色体,受精时精子和卵子相遇,受精卵就有了 46 条染色体。但是这个染色体分配过程经常出错,很容易造成这样的后果,精子或卵子携带的染色体中有同样的两条染色体,或者甚至是携带了全部 46 条染色体。对人类来说这样的配子通常无法培育成婴儿,但对于其他一些动物特别是植物,这似乎并不算什么大问题。如果我们把染色体融合的可能性也考虑在内,就像在人类和马身上发生过的那样,就会发现,最终结果染色体很容易变为任何数目。似乎一切都是纯粹偶然的运气造成的。

我们为什么会有 X 和 Y 染色体?

我们会有 X 和 Y 染色体,是因为 1 亿 7 千万～3 亿 1 千万年前,有一条曾经是第二条 X 染色体丢失了大部分基因,以及与其他 X 染色体交换基因的能力,后来就变成了 Y 染色体。

很多其他动物,包括 1 亿 7 千万～3 亿 1 千万年前我们进化的祖先,都只有两条 X 染色体而没有 Y 染色体,因此也许最好这样来表述这一问题:“为什么有的人具有 Y 染色体?”答案是,像其他大多数动物一样,我们需要某种方法来产生不同性别的婴儿(即男性和女性),而 Y 染色体正是人类为达到这个目的进化而来的。对人类来说,我们是男是女由是否具有 Y 染色体所决定。

我们都有 23 对,总共 46 条染色体(见第 40 页)。在这 23 对染色体中,有 22 对互相之间完全相同,因此每个人有两条染色体 1,两条染色体 2,等等以此类推。唯一的例外是称为性别染色体的那对(因为它们决定一个人的性别,所以由此得名),这时出现两种不同特性,称为 X 和 Y,因为它们在显微镜下看上去像字母 X 和 Y。

Y 染色体携带的基因使得最后生出来的婴儿是男孩,所以如果婴儿是从带有一条 X 染色体和一条 Y 染色体的卵子发育来的,结果就是男孩。如果婴儿有两条 X 染色体而没有 Y 染色体,就不会具有“男性”基因,最后发育成的就是女孩。

Y 染色体一开始也是 X 染色体,早期的哺乳动物都有两条 X 染色体。换句话说,它们都没有性别染色体。它们一定另有别的方法来决定哪些婴儿会发育成雄性哪些会成雌性,就像今天的鱼类、鸟类和爬行类一样。有些动物,如短吻鳄和乌龟,利用温度的不同来决定卵子的不同性别,另外一些动物利用荷尔蒙。有些鱼类,例如小丑鱼(《海底总动员》里的那种鱼),甚至在完全发育成熟后还能改变性别。如果雄性太多而雌性不足,雄性小丑鱼就能自己变性成雌性。

恐龙为什么灭绝了？

恐龙灭绝有可能因为一连串的自然灾难：持续几百万年的全球变暖，随后在印度地区的一系列巨型火山爆发，释放出大量有毒气体，几乎同时一颗巨大的小行星撞击了地球。

恐龙统治地球长达1亿6千万年以上，但到了6千5百万年前，发生了可怕的事件，消灭了所有种类的恐龙(除了鸟类的祖先)。

希克苏鲁伯撞击的位置

那么是什么可怕的事件呢？现在大多数人听说的是一颗小行星或陨石杀光了所有的恐龙(陨石就是已经落到地球上的小行星)，并且有多项证据证明，大约6千5百万年前有一颗直径10公里(6.21英里)的小行星撞击了现在的墨西哥。在一片被称做希克苏鲁伯的区域底下，有撞击遗留下的陨石坑隐藏在岩石和海水下，所以这次事件也被称做希克苏鲁伯撞击。

希克苏鲁伯撞击的爆炸产生了一个直径180公里(111.85英里)的陨石坑，引发了全球范围的地震。爆炸几乎瞬间给北美大部分地区带来一阵高热和破坏性冲击波，给地球的其余地区带来超强的飓风，或超级飓风，比我们现在所遇到的最大的飓风还要强五倍。如同巨型的墙一般的海水，即我们所知的海啸，从撞击点向外奔涌，高度达到300米(约328码)，并向内陆延伸了300公里(约186英里)。但这一切才仅仅是个开始。

大量融化的岩石被抛上天空，然后像雨点般落下，覆盖全球范围，点燃了一切。陆地上多达四分之一的生物都被烧成了灰烬。也许持续好多年，灰尘和烟雾都遮挡了所有的阳光，温度降低多达15摄氏度(59华氏度)，因此地球在黑暗中冻结了。植物无法进行光合作用，有毒气体使得海水含毒。臭氧层被破坏，所以当烟雾最终散尽，地球的表面都暴露在致命的紫外线中。

就好像这还不够糟糕似的，地球上的生物也许还遭受了位于印度地区的一连串火山爆发的后遗症，这被称做德干玄武岩。它不像普通的火山爆发，情况要糟糕得多。大约有512 000立方公里(约122 835立方英里)的熔岩从地球表面的巨大裂缝中涌出。冷却后在各处遗留下一层厚达2公里(1.24英里)的固态岩石，覆盖面积达到500 000平方公里(约193 051平方英里)。

最后一击

德干玄武岩爆发释放的热量、灰尘和毒气，导致恐龙走向灭绝。有可能希克苏鲁伯撞击只是终结它们的最后一击。

人类很可能会走上恐龙的老路。地球上很多地方，例如美国的黄石国家公园，意大利的那不勒斯周边地区，随时可能发生德干玄武岩这样级别的火山爆发。另外，有几百万颗小行星与地球的运转轨道相交，其中有些直径达到10公里(6.21英里)或者更大。如果放长时间范围来看，一个人死于小行星撞击的概率，等同于死于空难的概率。

为什么我们会耗尽石油?

我们会耗尽石油因为我们的使用比其产生的速度要快百万倍。

石油形成于死去的微小海生动植物,它们的尸体沉到海底,掩埋在层层岩石下,经过挤压和加热,最后分化成非常简单的分子结构。这一过程至少耗时几千年,也可能要花几百万年。总之无论怎样石油都是一种不可再生资源。这意味着在地底下的石油就那么多,一旦我们开采出来使用掉,就没了。

如果一直使用某种不可再生资源,那么终将会耗尽,因为自然界不会再产生更多。耗尽的速度有多快取决于使用得有多快,就石油而言,我们的确使用得非常之快。在 2010 年全球石油消耗量又创新高,平均每天消耗 8 740 万桶。这意味着全世界每秒都要烧掉 1 000 桶以上的石油。

根据石油巨头 BP(英国石油)公司出具的“世界能源统计审核”年报,2010 年底全世界石油储备估计为 13 亿 8 千 3 百万桶。这意味着,如果继续以 2010 年的速度使用石油,那么在 45 年后全世界的石油就将耗尽。实际上,石油消耗的速度每年都在持续增长,所以如果按照 BP 公司估计的全球石油储备量来计算的话,耗尽的速度将会更快。

但情况并没那么简单。一方面,有许多人提出,对剩余石油储备量的估计太过乐观,像沙特阿拉伯这样的产油国声称的石油储备量比实际储备量要多得多。另一方面,也有许多人认为,我们太低估石油储备量了,因为存在会发现或者生产新型石油的可能性。

其中一个例子就是发展油砂作为一种石油来源。油砂是黑色的,易与沥青黏合在一起,通过洗净沥青,收集提纯油砂,从中得到石油是可能的。因为这样做难度大且成本高,人们一开始并没考虑将油砂作为一种现实的石油来源,但现在情况不一样了(特别是石油价格的上涨,使得这样做变得值得了)。加拿大现在被认为拥有世界第三大石油储备量,原因就在于那里的油砂能提取出 1 690 亿桶石油。随着科技进步，很有可能石油储备的“官方”估计量会增长，所以我们也许 40 年或 100 年也用不完。

实际情况要比这复杂得多。有专家称，问题不是“什么时候世界将耗尽石油”，而是“什么时候我们对石油的需求量会比能够生产的石油量更多”，这个时候，当需求超过供给，就是被称做“石油峰值”的时候，根据石油峰值理论，由于石油价格飞涨，全球经济崩溃，人类文明本身将遭受威胁，这会迅速导致全球性的灾难。比如说，全球超过 90％的交通依赖于石油，如果石油价格突然之间上涨到难以置信的贵，那么几乎没人能坐得起飞机或开得起车到任何地方去了。石油峰值理论并没有被广泛接受，其中有许多原因，比如石油储备被认为在可预见的未来还是充足的。

为什么海水是蓝色的?

海水是蓝色的因为水吸收的红色和黄色光比蓝色光更多。

玻璃瓶中的水看上去是无色的,但实际上是非常非常浅的蓝色。如果有足够多的水聚集在一处,比如在深海中,这种蓝色就变得明显了。但海水并不是一直呈蓝色。靠近海岸的地方通常看上去是绿色的,海水也有可能呈红色、黄色或棕色。这些颜色取决于海水中的成分,以及水吸收哪些颜色的光,反射哪些颜色的光。

照在海面上的阳光由全频谱的光组成(即基本是白色光)。部分阳光在海水表面反射回来,其余的阳光都穿透进海水。水分子对某些颜色或波长的光吸收得更多。吸收最多的颜色是红色,黄色和绿色,那么就剩下了蓝色光。有些蓝色光继续到达海水深处,有些被水分子散射开,从而射出水面,映入人们眼中。

进入海水的可见光大约有 65%在最上层的一米内被吸收掉,少于 1%的可见光穿透到深达 100 米(109.36 码)的水中,而这些全都是蓝色光。

海水沾上泥

靠近海岸的海水中,容易有更多沉淀物(灰尘的微粒),因为所有陆地上被冲刷走的灰尘都会进入大海。这些沉淀物改变了吸收和反射阳光线的方式,灰尘中悬浮的微粒最容易吸收红色和蓝色的光,留下绿色的光反射出海水,所以使海岸边的海水呈现绿色。

漂浮在水中的微型植物也会造成海水的其他不同颜色。这些微型植物叫浮游植物,会利用叶绿素之类的色素来获取阳光,它们会将海水染成其他颜色。绿色的浮游植物使海水呈现绿色,但浮游植物也有不同颜色,这取决于不同种类的浮游植物用哪种色素。有些浮游植物用红色素,就是它们造成了所谓的红潮。

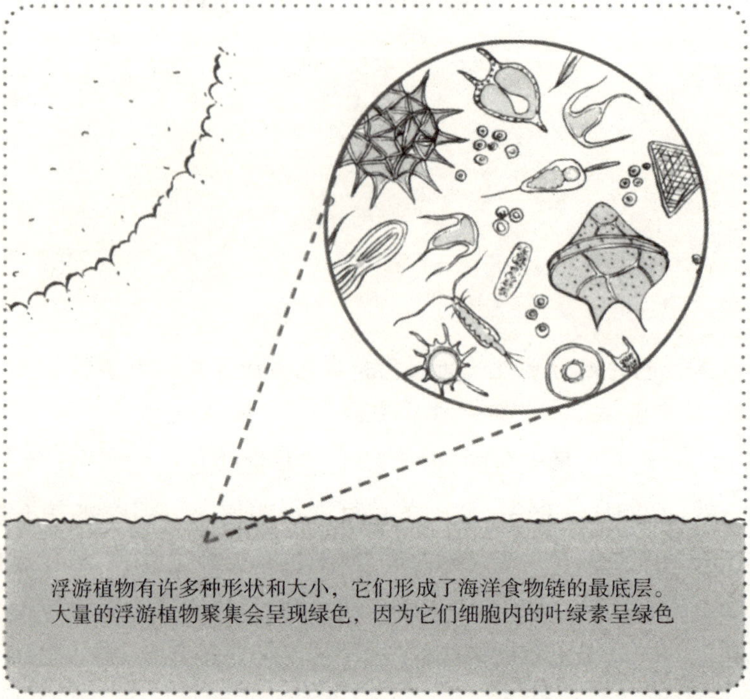

世界海洋中的浮游植物

如果海水浅到光线能够到达海底并反射,那么海底也会影响海水的颜色。在热带海水清澈而浅的海域,海水呈非常淡的蓝色,因为海底白色的沙子和蓝色的海水的颜色相混合了。

海水覆盖了全球表面 71%的面积,所以从太空看地球是蓝色的。

为什么放射性物质都有半衰期?

放射性物质都有半衰期,因为我们要用这方式来描述物质经历放射性衰变的速率。

放射性衰变是指,放射性元素,即通常所说的放射性同位素,转变为另一种放射性同位素,同时释放亚原子微粒或能量的过程。释放出的亚原子微粒或能量就是通常所说的辐射。

放射性同位素的半衰期是指,样本中的原子半数衰变所花的时间长度。举个例子,铋-212的半衰期是一个小时多一点,这就意味着,如果从1 000个铋-212原子开始(衰变),过一个小时后将只剩下约500个原子。其他的原子已经衰变为另一种放射性同位素。再过一个小时后,只剩下250个铋-212原子,经过三个小时,剩下125个。

可以拿抛硬币来做类比。想象一下如果硬币抛出的结果是背面就相当于原子产生了衰变,那么假如现在有1 000枚硬币,每一个小时全部抛出一次,扔掉那些结果是背面的。过一个小时后大概只剩下500枚硬币,两个小时后剩下250枚,三个小时后剩下125枚。

为什么不干脆用个数字来说明放射性的原子衰变需要多长时间呢?这个数字应该叫放射性同位素的"衰期"。我们之所以用半衰期而不用衰期,是因为放射性衰变完全是一个随机的过程。被所谓"不确定法则"所控制。意思是不可能确切地说出放射性原子什么时候会衰变。只能够断定衰变的可能性。

拿单个的铋-212原子来说,我们只能断定,在一个小时内它会衰变的可能性是百分之五十,但是不可能有一个确定的时间,来百分之百肯定在这段时间内它必然会衰变。虽然几率小到微乎其微,但是任意单个的铋-212原子经过一千年也没有衰变,这也是有可能的。因此我们只好用半衰期这样涉及可能性的度量方法。

铋-212的半衰期相对较短,但半衰期最短的放射性同位素是氦-5,半衰期只有7.6×10^{-22}秒,比亿兆分之一秒还要短。半衰期最长的放射性同位素是碲-128:2.2×10^{24}年(2.2兆兆年)。

为什么会起风?

起风是因为地球表面的某些部位比其他部位温度高,导致空气上升,如此一来就要从别处再吸进空气。

风是地球表面的空气流动。空气在各处流动以平衡压力差。如果身处伦敦或纽约,就有大约12公里(7.46英里)的空气堆积其上,这堆空气以平均为1巴(1 000毫巴)或称1个大气压强的压力向下压。当地球表面的某个部位温度升高,在其上空的空气就被加热而向上升。上升空气会造成低气压。像空气这样的气体,就会从高气压的地区向低气压的地区流动。

为什么地球上有些部位会比其他部位温度高呢?纬度(相对于赤道和极点的位置)是一大影响因素,因为赤道比极地获得的阳光更加集中。另一个主要影响因素是陆地和海洋:相对于海水而言,陆地的升温和降温都更快,所以在白天陆地往往比海洋更热,夜间则反之。其他影响因素还包括洋流、森林和山脉。

上升和下降

赤道处的高温形成了一个环绕地球一周的低气压带,即通常所说的赤道无风带。在这里空气上升到大气层的顶端再散开。同时在通常所说的亚热带无风带,空气下降到地面形成一个高气压带。这些空气再往回流动到赤道,这就叫做信风。

地球的自转改变了风向,使高气压和低气压围绕巨大的圈旋转,形成的这个系统叫做气旋和反气旋。在热带地区这些系统会转变为飓风,在这里温暖的海洋输送太多能量到大气层中,使风速达到120公里每小时(74.56英里每小时)或更快。飓风蕴含的能量惊人地巨大:仅一天内飓风释放出的能量就足以为全美国供电六个月,或为英国或法国这样的国家供电整整一年。

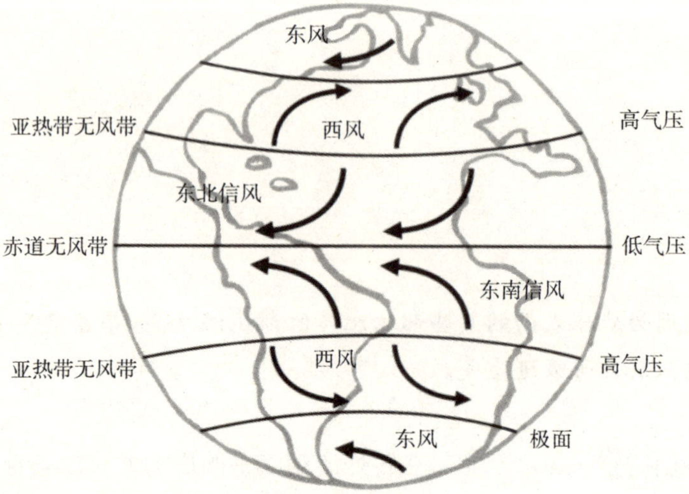

全球风向图示

在亚热带无风带，西风吹向极地，信风（从东面来的风）回流吹向赤道

在陆地上空，特殊的暴雨云能形成非常集中的旋转风，叫做龙卷风。曾经测出的最高风速是 1999 年俄克拉荷马州的龙卷风，风速为 516 公里每小时（318 英里每小时），但据美国国家气象服务中心估计，龙卷风的风速最大可达到 800 公里每小时（500 英里每小时）。

为什么地球是圆形的?

地球是圆形的,因为万有引力在任何方向上造成的牵引力都是相等的,所以有任何一小点不平整,都会被牵引以保持与其他点持平,从而形成一个球体。

想象一下,把一群人相互捆绑着站在同一处。现在假设他们同时开始拉紧将他们捆在一起的绳子。那么这群人很快会被拉进一个圈子,试图跑出圈外的人会被拉回来。这种情况放在三维世界,就是地球的情况,这也就是所谓的静态平衡。

任何物体都会发生同样的情况,只不过万有引力是一种非常微弱的作用力。例如,手机对自身及周围的一切都产生万有引力,但是由于其牵引力太过微弱,以至于根本感觉不到,它也不可能突破金属和塑料的强度影响到手机方方正正的外形。但物体越大,其引力就越大。任何天体只要周长大于 1 000 公里(621.37 英里),就会由于其自身引力而坍缩成球体。根据国际天文联合会的规定,这即是行星的定义之一。

实际上,地球也不是标准的圆形。地球每 24 小时沿贯穿极点的轴线自转一次,这就意味着赤道比极地移动的速度快。在地球的表面,赤道处移动速度是 1 675 公里每小时(1 040 英里每小时),如此一来就产生了向外拉伸的离心力,使得地球在赤道处鼓胀。从地心到赤道的距离,比从地心到极点要远 0.33%,换句话说,地球两极点之间的直径比赤道处的直径要短 43 公里(26.72 英里)。所以说,珠穆朗玛的顶峰并不是地球表面上距离地心最远的点,实际上距离地心最远的点是位于厄瓜多尔的钦博拉索山,几乎就在赤道上。在中间处更厚,意味着地球并不是个球体,而是个扁球体。

除了中间处的这一圈鼓胀,地球上还有山脉、山谷、海沟和其他的皱褶,所以表面并不是平滑的。但是相对于地球的整体大小,这点皱褶太微不足道了。台球的平滑偏差率不超过 0.22%,而地球的平滑偏差率不超过 0.17%,所以假如有个巨人走过来拿起地球,感觉上会比台球更平滑。

为什么月球有阴暗面?

根本没有。

除了一些很深的陨石坑的角落里永远是暗的,月球上的所有地方都有一半时间被太阳照到。

然而,月球确实有远离地球的一面,地球上的观测者永远看不到那一面,这一直是自然界的一大未解之谜,直到 1959 年俄罗斯的宇宙飞船完成绕月飞行这一谜团才被解开。

为什么我们只能够看到月球的一面呢?月球处在围绕地球的同步轨道上,换句话说,随着月球围绕地球旋转,它同时也在以相同的速度沿自身的轴自转,这保证了月球始终以同一面对着地球。

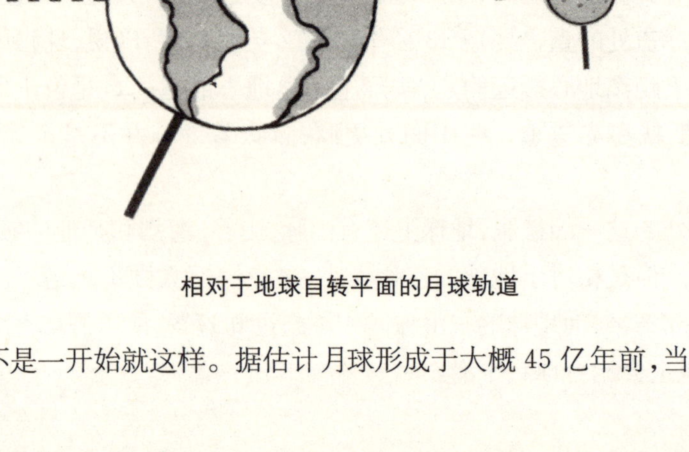

相对于地球自转平面的月球轨道

情况并不是一开始就这样。据估计月球形成于大概 45 亿年前,当时一个火星大小的行星撞击了年轻的地球，继而四处飞散。碎片飞进围绕地球公转的轨道，集合在一起形成了月球，直径有 3 476 公里(2 159.89 英里)，比地球的四分之一稍大点。

在那时月球距离地球比现在要近得多，而且两者都旋转的快得多，但由于潮汐效应(见第 10 页)，它们都慢了下来，之间的距离也越拉越远(今天它们之间相距 384 400 公里(大约 238 855 英里)，这距离每年要加大 3.8 厘米(1.5 英寸))。假如没有月球，地球的自转速度要比现在快三倍，一年将会有 1 095 天，而每天只有八个小时。

这一“突破性”的效果也同样作用在月球上，使它的自转速度减慢，直到所谓的“潮汐锁定点”，这时它的自转与公转同步(完全相符)，所以总是以相同的一面向着地球。

看见阴暗面

从可见和可知这一意义层面上，可以说月球的远地面是“阴暗的”，不过这种说法也不再正确了。从 1959 年苏联的露娜 3 号探测器开始，宇宙飞船已经在月球远地面上的广泛区域拍摄了照片。另外月球在自转时还会出现轻微晃动，使得从地球上可以看见很少部分的远地面。

那么月球的远地面有什么呢？主要是许多根据苏联英雄命名的陨石坑，因为最初正是苏联的科学家为它们起名，将它们的特征告诉我们的，比如科罗廖夫和门捷列夫陨石坑。

远地面与近地面大不相同，“海洋”(由熔岩冲刷形成的较大、阴暗、相对平滑的地区)更少，而由陨石形成的崎岖不平的高地更多。这是因为远地面比近地面的地壳更厚，这一差异也是自然界另一大未解之谜。

最近有一个新的理论被提出来，地球原先有两个月球，大约在 44 亿年前这两个月球相撞了。小的那颗被摧毁，或者“贴”到了月球的一面上，这一面就变成后来的远地面，而冲击波将年轻的月球内部的岩浆推到了近地面，于是造成了这一面的地壳更薄，并且熔岩冲刷也更频繁。

为什么我们不能在水下呼吸?

我们不能在水下呼吸是因为我们的肺不能提取足够多溶解于水中的氧气。

鱼可以在水下呼吸,为什么我们就不行呢?还有为什么鱼离开了水就不能呼吸?鱼用鳃呼吸,鳃在形态和功能上都与肺相似。如果鳃和肺如此相似,为什么我们和鱼都只能被困在各自不同的世界里呢?

答案是这样的,鳃和肺都是专门用在各自特殊的环境中的。海水中溶解的空气含量为1.5%~2.5%,其中大约有三分之一是氧气。这对鱼来说足够了,鱼作为冷血动物对氧气的需求很低,相对来说像哺乳类或鸟类这样的温血动物,因为要维持快速的新陈代谢,对氧气的需求要高些。鱼类进化出鳃以用来从水中提取溶解的氧气:鳃含有许多毛细血管,非常接近皮肤表面,还带有非常薄的皮肤,叫做隔膜。氧气可以很容易从水中透过鳃隔膜进入到血液里,像二氧化碳之类的废气也可以排出去。

鳃在湿润时可以很好地工作,实际上如果有办法给鳃不断地换水,鱼也可以在陆地上呼吸。当动物离开海洋开始登上陆地时,它们就不能用这种方法了,因此需要一套新的系统——肺。有了肺,这整个过程被重新分配到身体内部,在这里肺隔膜能保持湿润,被保护并保温。有了肺,陆地动物就能够充分利用大气中比水中更高品质的氧气,(在海平面上的空气中氧气含量为21%,可以提供比水中多40倍的氧气)。由于有了氧气为肌肉、大脑及身体其他部位提供能量,所以在空气中呼吸的动物比在水中呼吸的同类要更有活力。这就是为什么回到海洋里生活的哺乳类,例如鲸和海豚,仍然保留了肺,而且还需要到水面上来呼吸。

在 水 下

肺在水下不能工作，因为一旦充满水就会破坏肺内精密的构造，但即使我们有鳃也不能在水下呼吸，因为在水中根本没有足够多的氧气能满足我们的需要。

人类能达到的最接近水下呼吸的体验，是呼吸全氟化碳，一种可溶解高品质氧气的液体。呼吸液体使得潜水员可以潜得更深，因为不会出现呼吸压缩空气带来的压力问题。詹姆斯·卡梅隆的电影《深渊》里，就塑造了这么个有纪念意义的人物，为了潜到水下很深处而呼吸了全氟化碳。

为什么时间总是向前走?

时间只向前走,因为就像无法将泼出去的牛奶收回,也无法将摔碎的花瓶恢复原状样。

物理学的一大不解之谜就是为什么时间之箭总是指向前方。时间之箭的概念是由英国物理学家亚瑟·爱丁顿在1927年提出来的,他用这一概念来描述时间是怎样只朝一个方向移动的。人们可以从过去到现在,却不能反向而行。如果空间和时间构成四维,时间就是唯一只能单向移动的维度。

物理学家用来描述宇宙的所有公式,像关于重力和电磁的公式,在任意方向上都完全适用。它们被认为是对称的,似乎并不会被时间之箭所影响。而时间之箭确实存在。为什么会这样呢?

答案是热力学的第二定律,说的是熵能量在一直增长。熵的意思是无序的,或无用的能量。在一个封闭的系统内,无法在初始值上增加更多的能量时,无序能量却始终在增加。在现实生活中,这意味着如果将牛奶从罐子中泼出来,牛奶就没法流回到罐子里,或者说,如果打碎一个玻璃瓶,就没法重新组装起来还原到手上来。如果将以上的事件拍成影片放映出来,可以分清是在向前顺放还是向后倒放,不像前面提到的对称公式。这种熵能量的增长就意味着时间只能朝着一个方向运行。

热力学的第二定律的不可逆性,或许和宇宙的起源有关联,宇宙起源时极其微小而密度极大,之后一直膨胀到现在。在宇宙大爆炸之后的瞬间,宇宙的熵能量极其的低,随着时间推移熵能量不断增长。这就是所谓的宇宙论的时间之箭。

宇宙最终的命运可能是变成完全无序,充满最大的熵能量,这意味着所有物质和能量都将均匀分布。可利用的能量将会以非常稀薄的密度遍布整个宇宙而告终,因此所有地方都会变得非常冷,这个命运时常被称作宇宙的热寂说。另一种可能的命运是宇宙将会停止膨胀并反向而行,这种情况称作宇宙大坍缩。在宇宙大坍缩时熵能量可能会减少,而时间的流动就有可能改变方向!

为什么会发生地震?

会发生地震是因为地球的表面是由可移动并相互挤压的板块所构成的。有时它们连接在一起然后突然就分离了。

地壳板块是由巨型石板构成的地球的外表面,地震就是由于地壳板块的突然移动造成的。在某些区域,板块之间互相滑动,但是由于板块是由岩石构成的,滑动并不顺畅。反而在有些地方它们会紧紧卡住,直到拉力和压力积累过多,一下子释放出来,互相翻腾而过。在这种情况下能量被释放,地壳运动在地球上波及开来。在地球表面就形成了地震。

炙热的熔岩上升到火山表面也可能造成地震,另外其他一些灾难性事件比如小行星撞击(见第 43 页)也会造成地震。

地壳板块漂浮在地幔上,地幔是一层部分液态的岩石。地幔运动得相当缓慢,速度大概只有时钟秒针的万分之一。因此一般来说地壳板块本身也运动得同样缓慢。例如,北美洲和欧洲处在不同的地壳板块之上,移动速度还没有手指甲生长的速度快。

但是能够移动百万吨级的岩石,这其中蕴含的力量是超大的,而当板块卡住使拉力积累时,这个力量更被放大了。拉力被释放时产生震动的大小,取决于积累的时间长短。这个震动大小,或称地震级数,用里氏震级来衡量。

巨大的震动

里氏震级是一种对数指标,意思是任何一点都比上一点大十倍,所以震级为 2 的地震比震级为 1 的地震大十倍,但比震级为 4 的地震要小一百倍。

不可思议的是低震级的地震非常常见。低于震级 3.4 的地震每年要发生 80 万次，但是由于太过微弱以至没人能觉察得到。震级为4.3～4.8的地震会把房屋的窗户震响，每年要发生5 000次。6.2或以上震级的地震才真正有危险，7.4级就能震塌建筑物，幸运的是这样的大地震每年只发生四次。

大地震释放的巨大能量非常可怕。1904年圣弗朗西斯科地震释放的能量，相当于目前所能制造出的最大原子弹在城市爆炸，但就是这样才仅达到震级7.8左右。有记录的最大地震是1960年智利南部的地震，记录级数为里氏9.5级。2011年3月，在日本造成毁灭性海啸的东北地震，震级为9.0。

为什么灯泡会发亮?

灯泡会发亮是因为电流只能从狭窄的灯丝挤压过去,迫使电子冲击灯丝的原子,从而使其震动释放出光和热。

电池、电线和灯泡组合在一起形成的电路,就如同一个带水泵、水管和滤网的水族箱。电池的作用就像是水泵,带动水流在水管中循环并通过滤网,而滤网就如同是一个灯泡。水管让水流非常容易通过,但滤网太窄而且还有一部分被阻塞着,所以水流难以通过。水流硬挤压过去从而在摩擦中失去了能量。

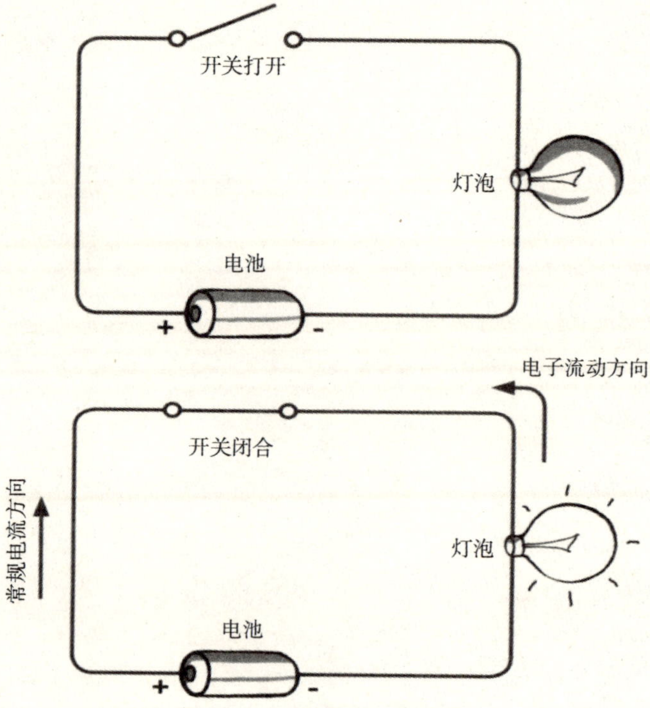

一个基本电路

在电路中携带电流的电子就像水。电子很容易通过电线,因为电线是铜做的,对电流的电阻低。但灯丝是由钨做的,这种金属电阻很高。而且灯丝还极长极细,标准的 60 瓦灯泡里的钨丝有 2 米(2.19 码)长,但只有四分之一毫米厚,这便让它的电阻变得更高。电阻是用来衡量某种物质通电难易程度的度量标准。电子要通过钨丝非常困难,因此把能量转移给了灯丝上的原子。当钨原子积累了足够大的能量将被激活,一旦被激活它们就会释放出热能和光能。

跟大部分金属一样,钨必须达到白热才能释放大量的光,所以灯泡的钨丝需要达到 2 200 摄氏度(3 992 华氏度)才行。即使这样,大约 90%的能量都是通过不可见的红外线(热量)释放出来,所以普通的灯泡在电转化为光方面不是很有效率。

灯泡还容易很快烧坏,所以需要经常更换,仅美国一年内就要花费大约 10 亿美元购买 20 亿个灯泡,也就是说每天要换 550 万个！然而,也有的灯泡可以持续用很久,持续点亮时间最久的灯泡是加利福利亚州利弗莫尔第 6 消防局的利弗莫尔灯泡,自从 1901 年就开始点亮了。直到现在它所用掉的能量总和,相当于滚筒式烘干机持续运转四年所需的能量。

为什么要分裂原子?

分裂原子是值得的,因为在所有可利用的燃料中原子的能量密度最大。

燃烧 1 000 克(2.2 磅)的煤可供一个 100 瓦灯泡点亮大约四天时间,而燃烧 1 000 克(2.2 磅)的铀可供同样一个灯泡点亮 140 年以上。这就意味着,同样是一千克对一千克,铀提供的电能比煤多出 16 000 倍。换句话说,铀的能量密度比煤高出 16 000倍。

铀具有如此大的能量密度,原因在于通过一种叫做核裂变的过程分裂一个铀原子相对容易。当一个铀一235 原子分裂成一个钡原子和一个氪原子,初始铀原子的很小一部分转化为能量。爱因斯坦的著名 $E=mc^2$ 方程式告诉我们,即使极其微小的物质也相当于非常巨大的能量(见第 14 页)。

通过分裂原子可以释放如此巨大的能量,以至于从 1 克的铀中就有可能每天产生 1 兆瓦的能量。要得到同样多能量得烧 3 吨的煤或者 600 加仑的油才行。

铀所蕴含的巨大能量密度,在环境和能源安全上意义重大。因为裂变反应不会产生直接排放(二氧化碳、二氧化硫、氧化氮等),核能不会增加温室气体。它确实产生一些放射性废物,这是它特有的问题,但产生的废物相对来说是很微量的。核能发电站每发电千瓦小时所产生的废物大约是 3 克(0.11 盎司),而在天然气发电站,这一数字是 181 千克(399.04 磅),在煤发电站,达到惊人的 1 064 千克(1.06 吨)。

除此之外,因为很少的铀燃料就足以维持一个核电站运转,对于一个国家来说,要得到足够多的铀来满足给大部分能源需求也变得简单了。只要 200 吨加工过的铀,就足以维持一个 1 000 兆瓦的核反应堆运转一年,所以仅仅一个仓库就足以容纳足够多燃料来保证整个国家好几年的能源安全供给。由于世界上的战争、冲突和恐怖主义产生的主要原因之一,就是对能源供给的控制,特别是对石油的控制,所以也可以说转而利用核能可以创造更加和平安宁的世界。

核能的未来

有些国家非常依赖核能。在世界范围内,2010 年通过核裂变产生的核能供给约占全世界总发电量的 13.5%,但在有些国家这一数字要高得多。法国约有 77%的发电量来自于核能。

分裂原子的另一个原因是用来制造极其强大的破坏性武器。1945 年在广岛丢下的原子弹,比起在那之前所用过的最大的炸弹还要强大 2 000 倍。迄今为止制造的最大核武器,是 1961 年的苏联沙皇炸弹,比二战中所用的全部爆炸物总和还要强大十倍。

为什么我们不可以吃草?

我们不可以吃草是因为我们的消化道内没有能够分解粗纤维的菌群。

实际上,我们是吃草的,而且还吃得很多。人类吃的食物当中大约有三分之一来自于草,特别是小麦、稻米和玉米。但我们吃的部分是种子,而不是绿色的、多叶的茎。草茎以及类似的植物上绿色多叶的部分,构成了许多常见动物的主要食物,包括牛、羊、袋鼠和马。既然它们能吃,我们为什么不能呢?

答案在于草和我们人类之间的主要区别之一。构成我们人类身体的细胞相对较为脆弱,因为它只有柔弱的细胞膜保护,而细胞膜由一层薄薄的脂肪所构成。构成植物的细胞要强韧得多,因为除细胞膜以外还有一层额外保护:由纤维素构成的细胞壁,那是一层坚韧的、富含淀粉的物质。人类无法消化纤维素,这就是为什么我们无法靠吃草来维持生命。塑胶带——大家都知道的一种透明的、黏性的胶带,就是由纤维素制成的,可以借此来想象一下为什么说纤维素对我们来说不可食用。

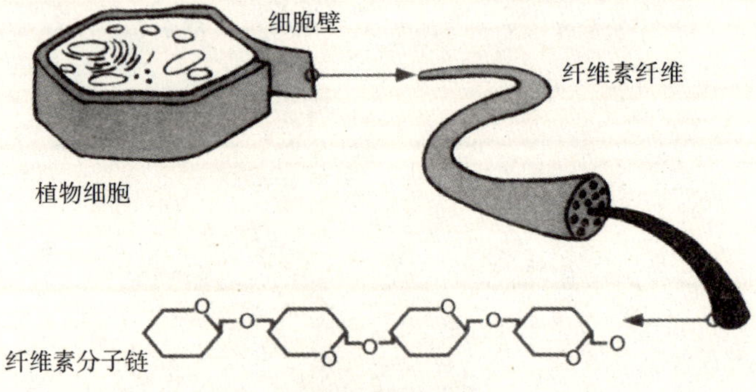

植物中的纤维素

纤维素是长分子结构,由许多小的糖分子结合而成。人类能够很轻易地消化掉糖,为什么我们的消化道就没法对付纤维素呢?为了将纤维素分解成单个糖分子,需要一种叫做纤维素酶的酶。很遗憾的是我们刚好无法产生纤维素酶。

牛和其他草食动物自身也无法产生纤维素酶,但它们有许多微型的小伙伴能做到这一点,那就是住在它们消化道内的细菌。这些特殊的细菌和动物们处于共生关系,就是说它们之间互惠互利。细菌得到了个温暖的好住处,还不断有咀嚼过的草供它们吃,作为回报,动物可以利用只有依靠这种细菌才能生产的酶。细菌得负责处理草中粗糙的纤维素,将其分解同时吃掉部分的糖分,但剩下的部分也足够满足它们的动物宿主了。即使这样,草食动物还得努力帮助它们的细菌小伙伴,它们必须将草充分咀嚼,而且很多动物都有好几个胃,这样它们就可以咀嚼、消化,然后经过反刍再反复咀嚼。另外有一些动物,比如兔子,会利用特殊的方法实现重复咀嚼,比如吃自己粪便。

人类也有许多益生菌寄生在消化道内,大约有 100 万亿个!这意味着人肠道内的细菌数量至少比身体细胞数量还多十倍。但我们从来没获得过草食细菌。

未来的生物学家或许能够设计一种草食细菌在我们消化道内存活,使我们有可能消化纤维素,但即便那样我们或许也无法靠吃草来维持生命。草已经进化出了一种由二氧化硅形成的内部防御板,作为一种防御机制用来抵御像兔子和羊这样的草食动物。二氧化硅是沙子和草中都有的组成成分,它使得草变得非常坚韧,以至于草食动物的牙齿会不断地被磨掉。一旦动物的牙齿被磨损得太严重,它们就无法再吃东西而只能被饿死。像田鼠这样的小型草食动物身上就发生过这样的情况,这可能也是为什么北美的马在大约 600 万年前就灭绝了:能吃到的几种草当中二氧化硅的含量都变高了,马就饿死了。直到 16 世纪西班牙侵略者又带来一些马种,马才又再次出现在北美。

我们为什么会做梦?

还没人真正了解清楚我们为什么会做梦;也许梦是一种为了处理棘手问题而形成的演练方法,又或许梦跟学习有关联。

梦是有关人类状态的一大未解之谜,这一问题涉及意识和生命的意义。梦可以是离奇的,也可以是无聊的;可以毫无意义,也可以充满寓意。在古代,人们相信梦是上天传达的讯息,或者灵魂去另一个世界的游历。直到最近睡眠专家才获得足够多有关睡眠的知识,来推测睡眠是否有其功能性,以及有哪些功能。

我们对于梦所知有多少呢?十岁以下的孩子不会做太多的梦,但到了十岁以后每晚至少要做四个梦,持续时间为五分钟到三十四分钟之间长短不一,虽然我们做过的绝大多数梦过后都会记不起来。梦境大多出现在称作快速眼动(REM)的睡眠阶段,在这一阶段大脑和身体是被激活的,几乎如同清醒时一样。虽然在其他睡眠阶段也会做梦,但快速眼动阶段的梦通常最生动也最容易被记住。

我们也都知道,虽然有可能梦见任何事情,但仍然有一些共通的特性是经常出现的。最常见的梦之一就是被追赶或被跟踪。在梦境中通常做梦人自己会被作为梦的主角,而梦境中的其他人都在某些方面似曾相识。梦境中经常会出现非常离奇的内容,表现为人的古怪行为或事物改变了原有的特性。梦境中的人往往都非常容易情绪化,而且大部分时候都是反映为负面情绪,诸如害怕、焦急和愤怒。

睡眠专家有好几个理论用来解释我们为什么会做梦,以及梦起初是因为什么进化而来的。心理分析理论认为,梦可以帮助我们处理情绪和心理问题,但如果这是真的,为什么不帮我们记住梦呢?

随机激活理论认为梦没有任何意义或目的,仅仅是去睡觉时大脑中所想事情的副产品。但如果这是真的,我们为什么会进化出快速眼动睡眠?这会消耗几乎同清醒时一样多的大量能量。就其本身而言,这暗示着我们为什么会做梦必然有其充分的理由。

对于这第三个理论是有些证据的：在白天学习了新知识的人很可能在晚上有更多更长的快速眼动睡眠阶段。但还没有真正的证据证明梦对学习有特别的帮助，或做梦后的人学习会更有进步。

待机时间

第三种理论，或者叫一套理论，认为做梦就像是电脑处在暂停使用的那段时间。如果电脑处于待机状态太长时间，就会自动进入一种管家模式，这种模式下会清空内存、升级程序和处理其他一些“离线进程”。根据这一学术观点，梦能帮助思维“清空”困难的情绪和想法，提供心理治愈，对学习也有帮助，它可以将新的记忆和知识存档到正确的位置上去。

另外一套理论认为，人类之所以会进化出梦是因为它能帮助早期的人类在白天表现得更好，也许是通过一种虚拟现实的模拟器，让人们演练各种情境及其应对方法。特别是有一种理论叫做威胁模拟理论，认为梦境提供一种安全的方法来演练怎样应对有威胁的情境。这也解释了为什么负面情绪在梦境中如此常见，以及为什么这么多的梦境都跟被追赶或者面临危险有关。

为什么天空是蓝色的?

天空是蓝色的是因为空气会散射蓝色光而其他颜色的光线会直接穿过。

从太空中看太阳本应该是“桃红色”的,然而照射到地球的阳光却是白色的。用科学术语来说就是,光线的颜色会与特定的光波长度相符合,所以说白色是混合的波长。我们肉眼看到的光线颜色是阳光穿透过大气层后的结果,而大气层总共有52 000亿吨空气,也就是说地球表面每平方英里上空大约有 2 500 万吨的空气。

假如对着太阳直视(当然绝不要真这么做),就会看到稍稍偏黄的白色光。这是阳光遇到空气分子散射掉蓝色光之后,余下光线直接进入人眼中的颜色。红色和黄色光难以形成完全散射,所以直接以直线照射到地球上。另一方面,蓝色光在整个天空中到处反射,其中一些最终达到人眼中。所以如果对着除太阳外的其他任何方向看,看到的都是蓝色。

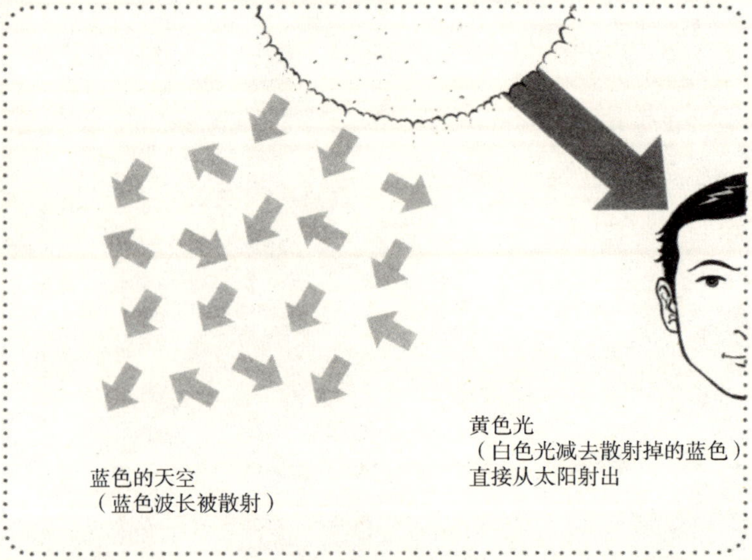

蓝色光的散射

当阳光(混合着多种颜色/波长)穿过大气层,遇到空气分子后,其中有些光线散射开来。这种效应叫做瑞利散射,以英国物理学家约翰·威廉姆·斯特拉特,瑞利勋爵(John William Strutt, Lord Rayleigh, 1842—1919)命名,就是他解答了这一难题。发生散射的量取决于光线波长和造成散射效应的微粒大小。非常微小的颗粒,如组成大气99%的氧分子和氮分子,会散射短波光(蓝色光),但不会散射长波光(红色光)。在非常微小的颗粒组成的烟雾中,也能看到同样效果,这就是为什么香烟吐出的烟雾看起来是蓝色的。这种颜色是以另一位物理学家的名字命名的,约翰·廷德耳(John Tyndall, 1820—1893),被称作廷德耳蓝。虽然由瑞利得到了所有的荣誉,实际上是廷德耳最先解释了为什么天空是蓝色的。

瑞利散射也间接解释了为什么落日是红色和橙色的。当太阳下降到地平线上方时,相对于在头顶上方时,阳光要在途中穿透更多的空气才能到达人眼。阳光到达人眼时,所有的蓝色光都被散射掉了,结果光谱中只剩下橙色和红色。的确这些光线也会被散射,但不是被空气分子,而是会被大的灰尘颗粒散射。当天空中布满灰尘时,比如说火山爆发之后,落日会变成特别鲜艳的红色和橙色。

在火星上大气非常稀薄,所以瑞利散射相对较少。但空气中有很多灰尘,所以取而代之的是红色光被散射。这就是为什么在火星上天空看上去是红色的。

为什么冰可以浮起来?

冰可以浮起来,因为冰的密度比水低,而这归因于水分子间有氢相结合。

水是宇宙中最神奇的化学物质之一,它的许多神奇特性对于生命来说都是至关重要的,这一点是人所共知的,特别是水在凝固方面的特性几乎是独一无二的。跟近乎所有其他液体都不同,水在凝固成固体时会膨胀大约 9%,结果造成冰比水的密度还要低。

这一点非常不同寻常,因为液体在凝固时应该是所有的原子和分子都不再四处乱窜而安定下来,处在一种稳定的、有规律的状态。可以这样设想,就像试图把一大群人塞进一个电话亭。如果他们上蹿下跳,手舞足蹈,电话亭就没法放进太多人,换句话说,人的密度就低。但如果人们只是站着不动,手臂下垂放在身体两侧,那么就可以多挤进去很多人,也就是说电话亭里人的密度就高。这也就是通常发生在液体颗粒上的情况,所以通常液体的密度比固体低。

水却与众不同,因为构成水的 H_2O 分子具有其独特的性质。每个分子内的一个氧原子和两个氢原子并不平均共享它们的电子,这使得水分子变为一种磁体,带有一个负电极和两个正电极。每个电极都可以吸附上相反的电极,以使水分子有能力形成一种链接,叫做氢链接。尤其特别的是,每个水分子最多能够与四个其他水分子形成氢链接。

相对于组成其他大部分液体的粒子,实际上氢键结合使得水在液态时分子排列得更紧密,大概要更紧密 15%。当水温变低,分子失去活性,运动速度减慢,并且聚集在一起,这跟其他液体相同。这种状况一直持续到 4 摄氏度(39.2 华氏度),这时水会达到其密度的上限,但再低于这个温度就会发生不寻常的现象:每个水分子开始形成最大可能的所有四个氢键,所以当水温下降到 0 摄氏度(32 华氏度)凝固成冰时,水分子被牢牢锁进框架内,比起液态水分子的松散排列拥有更加开放的结构。

可以设想成那些挤在电话亭里的人都伸出手臂平放，相互紧紧抓牢。他们现在被锁成牢固的一团，相对于他们坐立不安但两手下垂在身体两侧，最终他们的相互距离会拉远。这基本就是结成冰以后发生的现象。

冰能救命

冰的密度低这才使得地球上有了存在生命的可能性。假如冰不会浮起来而是沉下去。水塘都会在冬天很快整个冻得结结实实，因为会在水面形成冰然后沉到水底，使得更多的水暴露出来又结成冰，如此往复。相反事实上冰层会浮在水面上，隔绝了水塘里其余的水。水塘里的鱼才得以幸存，因为水塘的下层还维持着液态。

处在极地附近的海域到了冬天会发生更大规模的这种现象。在北冰洋海水结成的冰层厚达 2 米(2.19 码)，而在南极洲厚达 3 米(3.28 码)，冰原不断扩张直到覆盖了大约 12%的海洋表面积，在北冰洋扩张到 1 500 万平方公里(600 万平方英里)，而在南极洲扩张到 2 000 万平方公里(8 000 万平方英里)。

冰的浮力也给航海造成严重后果，比如泰坦尼克号就为此付出了代价。当冰川漂移到大海中时，巨大的冰块从其末端剥落，形成冰山在海上漂浮。在北冰洋每年大约要有 12 000 个冰山从冰川上剥落下来，平均重量约 1 500 万吨，露出水面高度为 80 米(87.49 码)，在水面下还延伸至 350 米(382.76 码)以上。幸运的是，相对来说几乎没多少冰山能够到达大西洋，即使到了大西洋也都已经缩小了 90%之多。

为什么我们会遗忘?

我们会遗忘所以我们才能更好地记住其他事情。

遗忘令人烦恼,还有可能把事情搞砸,令人苦不堪言,但也许它对基本生存也是必不可少的。

对于遗忘的解释部分取决于怎样解释记忆。最通用的记忆模型分为三个阶段,遗忘有可能发生在其中任何一个阶段。在第一阶段,信息通过感官流入大脑,然后最重要的信息经过简化被存储在一个瞬时记忆区域,叫做感觉寄存器。如果这些信息没有被注意到,几乎立即就会消失,这个过程叫做消退。消退时发生的是神经细胞不再以某种特定模式活跃,而这一模式就从此消失不见了。

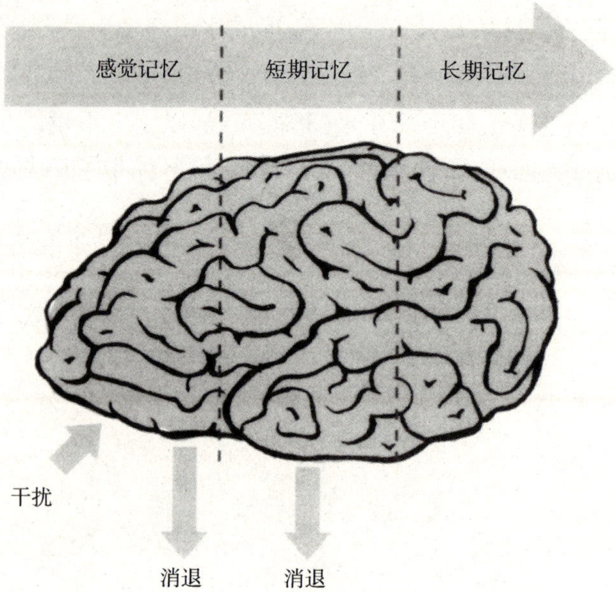

记忆的三阶段

记忆形成的第二个阶段叫做短期记忆。如果试图记住一组电话号码，就是存储在短时记忆中的。同样的，如果不刻意努力去记住它，或者信息本身不值得去记，它就会消退或者干脆被下一件事所取代了。不管是哪种情况或是上一个阶段的那种情况，遗忘掉某件事都是因为根本从来就不曾将它存储为记忆。

记忆形成的最后一个阶段是长期记忆，在这一阶段记忆才真正被存储到大脑中，形成一个差不多永久的痕迹。一旦记忆像这样存储下来，多半就会永久保存，除非有物理损坏确实地损伤了与此记忆相关的神经细胞。但正是因为某个记忆存储在大脑的某处，所以并不意味着人们就能记起它。如果没有将它牢牢掌握，还是意味着已经将它遗忘了，为什么会发生这种情况呢？原因有很多种。

原因的其中之一是干扰。指的是其他记忆会对试图记起的那个记忆形成干扰。举个例子，如果想要记起两天前的晚餐吃了什么，昨天吃了什么的记忆就会形成干扰。

消退和干扰解释了遗忘是怎样帮助我们活下来的。消退意味着我们的大脑不会存储发生过的每一件事。根据 1983 年 11 月期的《科学文摘》，每 100 件事当中我们只能记忆一件，这会帮助我们将有限的精力集中到重要的事情上来，比如去哪能找到食物，或者那个可恶的剑齿虎住在哪。

干扰使得记忆事情变得困难，所以人们通过遗忘一些事情能够防止它们干扰重要的信息。也许记得两年前的一顿饭对你来说至关重要，因为在吃那顿饭时你对草莓产生了过敏，所以如果没有昨晚吃了什么的记忆所干扰的话，会更有助于你记住那顿饭。忘记昨天的晚饭可以帮助你记得不要碰草莓。换句话说，为了记得更牢，必须有选择地记忆，那就意味着必须遗忘掉其余的事情。

或许真正神奇的不是我们能遗忘多少，而是我们能记住多少。没有人确切地知道人类的大脑能够容纳多少信息，但是大部分的推测都一致认为，人的记忆可以容纳大约 2.5PB(拍字节)的信息即 250 万 GB(千兆字节)。容量为 2.5PB 的 DV 机可以存储 300 万小时的电视节目。想要用完所有这些容量，得让这部机器不间断地拍摄 300 年以上。

为什么我们人类不能飞行?

我们不能飞行是因为我们的身体太重,力量太弱。

鸟类、蝙蝠和昆虫可以飞行,为什么我们人类就不行?答案很简单,我们太大太重了,比任何活着的鸟类、蝙蝠和昆虫都要更大更重。

为什么大小这么要紧呢?要飞起来必须克服重力的吸引。会飞的动物通过在空气中拍动翅膀来产生上升力(向上方的力),但要拍动翅膀需要另外一种力叫做推动力。而推动力需要肌肉来提供。身体越大越重,就需要产生越大的推动力,就必须拥有越大的肌肉。

问题就出在这里。虽然的确是肌肉越大产生的力量就越大,但肌肉的大小和其产生的力量大小并不是成正比关系。两倍大的肌肉并不能产生两倍大的力量。这是因为肌肉产生的力量取决于肌肉的横截面积而不是其总体大小,所以当肌肉的体积增加到三次方,力量只增加到二次方。所以想要让力量增强到四倍,就需要肌肉增大到八倍。

这就是为什么相对较小的动物有可能会飞,但随着身体的增大却越来越难。像信天翁和秃鹰这样的大型鸟类的力量不足以拍动翅膀飞起来,大多依赖于滑翔。

据路易斯安那州东南大学物理学副教授阿兰·雷特(Rhett Allain)提出,假如有个跟人一样大小的鸟,至少需要展开宽达 7 米(7.66 码)的翅膀,但是这么大的翅膀本身又添加了重量。如果要努力地拍动起一对 3.5 米(3.83 码)的翅膀,以足够提起约 100 公斤(220.46磅)的重量[假如这个人有 7 米(7.66 码)的翅膀,粗略估计体重要达到这个数],需要的肌肉比人类的手臂和胸肌要强壮数倍。还有,因为力量并没有重量增加得那么快,设想中的这个肌肉要达到那么巨大根本不可能实现,而且这又要给这个设想中鸟人增加更多的重量。

谈谈翅膀

鸟类还拥有许多其他适应性有助于它们飞行。它们依靠中空的骨头来维持较低的体重。它们依靠比哺乳动物更强的肺来维持非常高的新陈代谢，它们还利用羽毛来保持体温。它们有很大的胸肌，以及很大的龙骨来安放肌肉。

这一系列的适应性或许也能够解释一些史前鸟类，可能还包括史前爬行类是怎样达到人类这样大小甚至更大的。披羽蛇翼龙，白垩纪(距今约 6 700 万年前)的一种翼龙，翼幅展开宽度达到约 12 米(3.12 码)，体重或许能达到 100 公斤(220.46 磅)。它是所有时期中最大的会飞动物，但或许还不是最重的。这一殊荣要归于一种巨大的鹰——阿根廷巨鹰所有，这是一种像秃鹫的鸟，存在于第三纪中新世(距今约 600 万～800 万年前)，翼幅展开宽度达到约 7.5 米(8.20 码)，体重约 120 公斤(264.55 磅)。

这些怪物也许几乎就不飞，而且飞的话也必定差不多只依赖于滑翔。在体重和翼幅方面，它们倒是和我们设想中的鸟人相符合，这也提示我们，或许它就只需要设法升空。一旦起飞成功，滑翔相对来说就简单多了。实际上人类装备上飞行器材已经能够滑翔 16 公里(10 英里)以上了。

为什么全球正在变暖?

全球正在变暖是因为温室效应。

温室能起效果是因为玻璃能让光线照射进来,而将热量隔绝在内。阳光可以照进玻璃,到达温室内部时阳光会使物体升温,而物体又会将热量向外辐射。如果在露天下热量会散发掉,而在温室里玻璃会将热量保留在其中。

温室气体也会起同样效果,但其影响范围是全球性的。在火星这样的行星上,只有稀薄的大气层,阳光使得地面温度上升但热量轻易就会飞散进太空。结果导致火星表面的温度很低,只有－55 摄氏度(－67 华氏度)。而地球有一层厚厚的大气,其中包含有二氧化碳、水蒸气及其他的温室气体。这些温室气体可以让阳光通过但会隔绝热量,结果导致全球平均温度达到 15 摄氏度(59 华氏度);假如没有温室效应,地球表面温度会接近－18 摄氏度(－0.4 华氏度),其表面也就不可能会存在生命。

这里在变热

温室效应对于地球上生命的生存是必不可少的,但是自从上一个世纪中或更久以前开始,地球正在持续变暖。这一气候变化的变量和原因存在非常大的争议,但绝大多数科学家都一致认为,地球确实正在变暖,而人类的工业污染对此负有责任。这种变暖就是所谓的人为的,即是“由人类造成的”。

对于全球变暖的争论主要围绕着这两个问题:是否真的变暖,以及是否是人为造成的?

对于第一个问题的答案是,在整个上世纪温度上升了约 0.75 摄氏度(33.35 华氏度),而且平均分布在全球各地。大部分变暖发生在最后的 30 年,有案可查的最热 10

年开始于 1998 年。这么看全球变暖确实是真的。

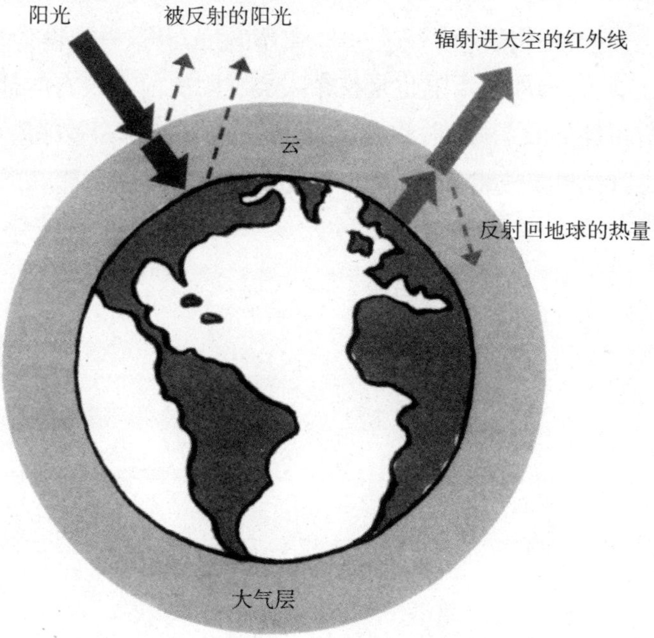

温室效应

对于第二个问题的答案就要复杂得多。不可能有百分之百肯定的说法,因为不可能去进行一次可控的实验,把我们的地球和另一个没有人类活动排放温室气体的地球做个比较。

我们知道现在人类的活动每年要向大气排放 70 亿吨的碳,大部分以二氧化碳的形式排放,但我们也知道大自然从像海洋、森林火灾和衰败的植物等等所排放出的碳,总计达每年 1 500 亿吨。

区别在于地球过去一直在应对这些自然排放,千百年来大气中二氧化碳的排放量始终维持在百万分之 280(280PPM)上下。然而,工业化耕作、石油发电站和汽车等人类活动,排放出额外的二氧化碳到大气中,扰乱了微妙的自然平衡。现在大气中的二氧化碳浓度达到了 387PPM 左右,增长了 38%。增长量中的三分之二发生在最后的 50 年中。二氧化碳目前的含量水平,比过去的 80 万年历史上任何时候都要高出 30%。

全球正在变暖,而几乎可以肯定人类是难辞其咎的。因为气候对温室气体含量水平的变化起反应需要经过很长时间。所以大部分的变暖还没有发生。如果我们还按现在的速度产生二氧化碳,全球温度将在未来几个世纪内上升 6 摄氏度(42.8 华氏度)。根据英国地质学会推测,地球要花 10 万年时间才能恢复,即使我们停止排放,使得二氧化碳级别不超过 560ppm,根据气候变化政府间专家组(IPCC)预测,到 2100 年温度会上升 1.4～5.8 摄氏度(34.52～42.44 华氏度)。这一幅度的上限比现在和冰川时代的差距还要大,而即使下限也是整个人类文明史前所未有的最大温度变化了。根据 IPCC,这有可能导致南极洲、格林兰岛及其他地方的许多冰融化,使得到 2100 年海平面将要上升大约 9～88 厘米(3.54～34.65 英寸)。

为什么火山会爆发?

火山爆发是因为充满气体的熔岩上升到地表。

火山爆发就是高热的熔岩、固态岩石、灰尘和气体的爆发。全世界约有 1 800 座活火山:至少有 20 个目前正在爆发。当熔岩流到地表上就叫做火山岩,而当它还处于地下时叫做岩浆。岩浆就是火山爆发的原因。

地球外表面包裹着一层固态的地壳,但这层地壳非常薄,在大部分地方其厚度只有 10～35 公里(6.21～21.75 英里)。相对于整个地球的大小,地壳是非常薄的。假如地球是个网球,地壳就只有约半毫米厚。

在地壳下面是一层高热的岩石,不完全是液态也不完全是固态,叫做地幔。有时地幔内会形成岩浆泡泡。因为温度非常高[当达到地表时高达 1 250 摄氏度(2 282 华氏度)]而且充满气体,所以它的密度比地幔中气体物质密度还低,于是就上升到地表。当遇到固态的地壳,它就会从地缝强行喷薄而出。

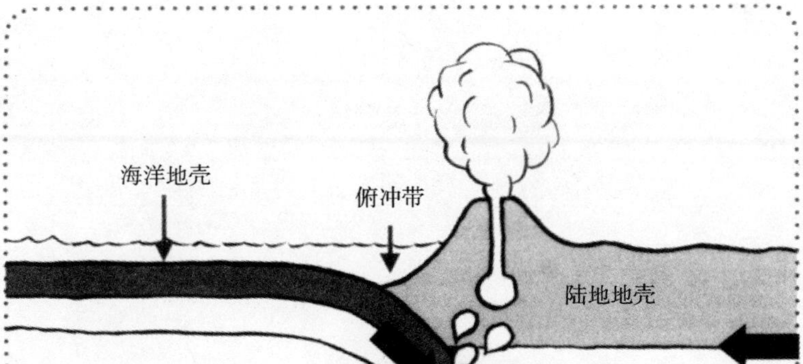

俯冲带的形成

那么一开始为什么会形成岩浆泡泡呢？岩浆形成于板块边界处。板块是构成地壳的巨大岩石片。它们互相之间做相对运动。有些分离开，有些互相猛烈碰撞，迫使其中一个板块边缘潜入到另一个板块之下。第一种边界叫做扩散边界，第二种叫做俯冲带。

扩散边界将压力释放进高热的地幔。当压力下沉高热的岩石就会变成液态的岩浆。在俯冲带俯冲的地壳深深扎进地幔中，地幔中极度的高热量将岩石融化，致使岩浆沸腾起来。

这就是为什么已知的火山爆发有94%都局限在一些火山活动带上，这个火山活动带只占地球表面积0.6%不到，而这些火山带的位置与板块边界相吻合。其中最著名的火山带要数环绕太平洋板块的火山带，叫做环太平洋火山圈；全世界90%的火山都位于这里。

为什么男性比女性体型大?

男性比女性体型大是因为我们的猿人祖先实行一夫多妻。

一夫多妻的意思是“拥有多个妻子”。在人类进化过程中,其意指史前时代的猿人有好几个配偶,必须打败其他的猿人才能保住妻妾们。这应该能解释为什么男性比女性要高 8%,大 15%~20%。实际上还有许多其他理论,其中有些可以推导出令人惊异的结论。

体型大小的差异是两性异形的一个例证。在大型哺乳动物中,特别是我们的近亲,大型猿类(黑猩猩、大猩猩和猩猩)的世界里,体型大小方面的两性异形似乎跟动物们选择和保持配偶的方式有关。

黑猩猩往往雌性和雄性杂居在群落中,这样不同的雄猩猩可以和不同的雌猩猩交配。而另一方面,大猩猩的组织结构是,一个大猩猩头领,银背大猩猩,有一群雌猩猩做妻妾,由银背大猩猩小心保护着。如果有其他雄性试图靠近其中一个,银背大猩猩就会设法把它打跑。

这种在性行为上的不同解释了为什么雄性黑猩猩和雌性黑猩猩在体型大小上差异不大,而雄性大猩猩和雌性大猩猩在体型大小上差异很大。雄性大猩猩必须体型更大才更利于打斗,保护它们的妻妾们,而对黑猩猩来说,相对于其他因素(或许还包括智商)来说,体型大小就显得没那么重要。

人类和猿类在百万年前有着共同的祖先,所以也许我们的两性异形也是根据同样的原则进化而来的。化石记录显示,今天的两性体型大小的差异至少进化于 15 万年甚至更早以前。

关于早期人类的性行为,男女体型大小的差异究竟说明了什么?人类身体大小的差异比其他种类的猿要小,所以传统的解释是,早期人类是群落中一夫一妻实行得最多的,他们相互间相亲相爱,而并非自相残杀。但他们还没有完全实行一夫一妻,否则男性和女性之间应该完全没有差异了。

并非所有人同意这一传统的解释。论据之一就是，虽然男性和女性在体型上是没那么大差异（特别相对于其他大型猿类来说），但在肌肉和力量方面差异还是巨大的。男性的肌肉比女性多 60%。大臂肌肉大 80%，这与雄性和雌性大猩猩的差异相当。男性上身力量平均比女性大 90%，男性平均比女性强壮 99.9%。

只有一个女人的男人？

实际上，我们看一下古今中外的社会就可以得知，其实六分之五的已知社会都是多配偶制的；离婚和再婚，在某种环境下，被所有人类文化所允许。没有理由把早期人类想象成有多么不同，所以早期的男性也许必须有点凶悍，才能抓住并保住一个配偶。

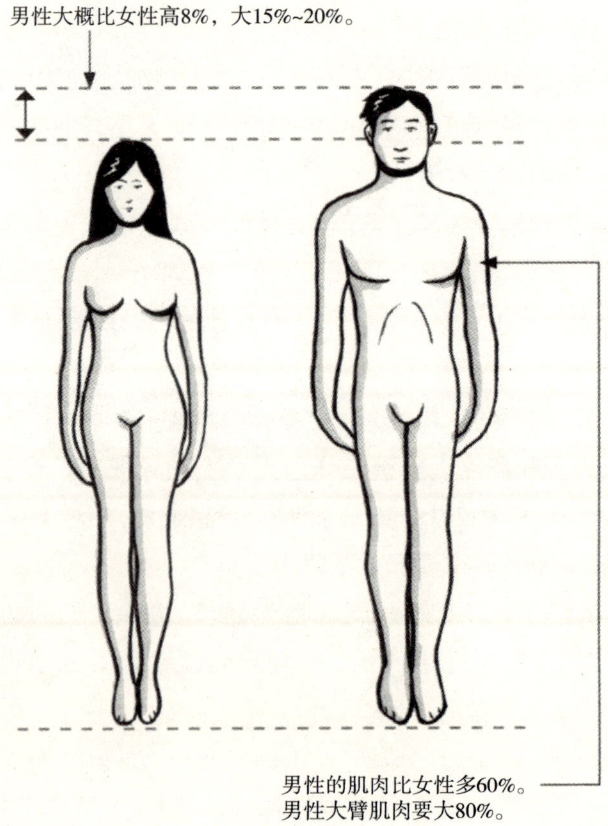

男女体型大小的差异

这一切都意味着什么？根据一种解释，这证明了男性进化得适合战斗而并非谈情说爱。男性比女性强壮得多，因为为了得到配偶，他们必须进化得能打得赢对手。最强壮的男性打赢对手得到了女性，然后这个男性强壮的基因得以延续到下一代。

这种解释有个问题。基因研究表明，体型和力量大小的基因应该是同等延续给儿子和女儿的。这样一来貌似男女体型大小的差异无法延续给下一代，因为体型大的男性可能生出体型大的儿子，也可能生出体型大的女儿。

如果这是真的，那么怎样才能解释男性比女性体型大呢？根据金泽小智和迪安娜·诺瓦克(Satoshi Kanazawa and Deanna Novak)提出的激进理论，并不是说男性比女性体型大，而应该说女性比男性体型小，或者更确切的说法应该是，女性原本可以长成和男性同样大小，但是女性在更早便停止生长，结果就变成比男性体型小了。

他们的论据是，在多配偶制的世界里，如果女性尽早中断青春期，就有最大的机会找到一个优秀的配偶。而当女孩中断青春期时，她们就会停止生长，正是这一点限制了女性的身高和体型大小。是什么因素能够决定女孩会多快中断青春期？显然重要因素之一是她们的父亲有多少时间陪伴着她的成长。有父亲充分参与抚养的女孩，多半比没有父亲在身边的女孩要推迟很久中断青春期。

原来为什么男性比女性体型大的真正解释是，父亲不像母亲那样在抚养女儿方面花费很多时间。

为什么铁可以吸住磁体?

铁可以吸住磁体因为磁体的磁场会将铁变为另一个磁体。

任何磁体都有两极,叫做南极和北极。一个磁体的南极被另一个磁体的北极吸附。一个铁钉可以吸住磁体,因为它也被磁化了,铁钉的南极被磁体的北极吸附(或者相反)。

一个磁体将一块铁变为另一个磁体,这个过程叫做感生磁性。铁和其他含铁(类似铁一样的)金属叫做铁磁体,因为它们有被磁性感生的属性。

发生感生磁性的原因在于一块铁是由上千个区域所组成的,每个区域都像是一个微型磁体。在通常状态下这些叫做域的微型磁力区域,各自的磁力指向不同的方向,所以相互之间抵消了,然而当它们被磁性感生时,这些域的磁力就都会转向同一方向。

一个域就是邻近的一批原子排列在一起形成的一个微型磁体。大概在一个针尖上就有 6 000 个域。大约每个域由一千万亿个原子组成(那就是 1 015 到 1 000 000 000 000 000 个原子)。

那么磁力域中的原子又是由什么构成的呢?每一个原子由带正电荷的原子核以及环绕在周围的带负电荷的电子所组成。电荷在运动中产生磁场,于是只要这些电子围绕原子核旋转,每个电子都会产生自己的微型磁场。在大部分元素中不同的电子产生的磁场方向不同因此会相互抵消掉,但在含铁的元素中,诸如铁、钴和镍,磁场会累积起来,并且每个原子都变为一个原子磁体。数百万个这种原子磁体排列起来形成域,而这些域可以被感生,经过排列将整个含铁金属都变为磁体。

将磁体从铁钉上拿开,就撤销了将铁钉里的域感

生以形成排列的磁场。这些域又回到原先的状态指向任意方向，铁钉也就不再是磁体了。

有些金属合金，例如钢，一旦被感生后就可以保持其磁性。这就是为什么钢制的缝衣针擦一下磁体就可以变为指南针。

指南针始终指向南面的原因是，地球本身也是个巨大的磁体（这也许要归因于地轴中的液态铁），但它的磁性不是很强。它的磁性强度只相当于冰箱贴的二十分之一。

为什么我们不能进行光合作用?

我们不能进行光合作用,因为我们没有叶绿素,并且我们也无法从中获得足够的食物,所以不管怎样,这么做也不值得。

为什么我们不能进行光合作用?答案很简单,就是我们没有必需的生物学配置。但确实有些动物,其中至少有一种脊椎动物,可以进行光合作用,所以或许归根到底答案不是那么简单的。

在植物体内,光合作用发生在细胞内部叫做色素体的特定单元中。叶绿素是一种能够获取阳光实现光合作用的色素(见第5页),含有叶绿素的色素体叫做叶绿体。人类无法生成色素体,我们根本没有这方面基因。

事实证明植物原先也没有这种基因,所以16亿年前它们发现含有这种基因的细菌,就吸收进体内,永久保存了下来。色素体原先是一种叫做蓝藻菌的能够进行光合作用的细菌,蓝藻菌会在其他细胞中定居下来,这种关系叫做共生。共生关系就是两方的生命体都可以从对方处获利。蓝藻菌获得了有着厚厚细胞壁的安全住所和不间断的水源供应;而它的新宿主可以获得蓝藻菌产生的糖分。在那时这种美好的友谊才刚刚开始,而到了现在,15亿年之后的今天,这种联盟关系衍生的水藻和植物已经遍布全世界。

依靠借来的色素体生存

如果植物能作为其他生物的叶绿素的宿主,我们为什么不行?有好多种海参会吃海藻,将其中的色素体吸出来让其在自己的皮肤里重新安家。它们可以维持色素体存活长达十个月之久,之后就不得不再吃些海藻来替换体内的色素体。就这样海参可以坚持不吃不喝存活长达九个月,完全依赖光合作用来养活自己。

更为有趣的是，生物学家最近发现，斑点钝口螈(Ambystoma maculatum)也可以作为宿主让能够进行光合作用的寄生体寄生在自身细胞内。这个发现令人兴奋，因为脊椎动物(有脊椎骨的动物，例如蝾螈和人类)具有的免疫系统应该会阻止外来细胞居住在自身体内。如果蝾螈能够克服这一障碍，或许人类也可以呢？通过对基因做些小小的修补或胚胎杂交，我们或许也能给人类皮肤细胞装备上色素体，这样就能进行光合作用了，每当沐浴到阳光就可以享受到免费的糖分供给。

即使我们能够做到这一点，或许也不值得。人类没有那么多皮肤去进行光合作用，并且毕竟光合作用不是非常高效。据分析，人类在正午时分裸体躺在阳光下一小时进行光合作用只能够产生 15 卡路里(kcal)的能量，约相当于一个苹果的六分之一。人类每天需要 2 400 左右的卡路里，所以想要仅仅依靠光合作用生存的话，这个绿色的人必须每天做 150 小时的日光浴才够！

为什么我们不可能运行得比光速更快?

我们不可能运行得比光速更快,因为任何物体运行得越快,就变得越重。

假如没有曲速,多维空间,或者别的什么方法让宇宙飞船运行得比光速快,科学幻想小说也就没啥可写的了。令人遗憾的是,物理学家指出,科学幻想永远无法变为现实,因为我们永远不可能运行得比光速更快。

实际上运行得比光速快也是有可能的,比如在某些情况下可以跑得比摩托车上射出的光束更快。这是因为光在其他物质中的传播速度减慢了许多。光在通过钻石的过程中会减慢到通常速度的一半以下。有记录的最慢光速是 61.2 公里每小时(38 英里每小时),这是光通过一种叫做玻色-爱因斯坦凝聚态铷的特异形态物质时的速度。

物理学家所说的光速指的是光在真空中,例如在外太空的传播速度。这一速度由“c”指代,为 299 792 458 米每秒(327 857 019 码每秒)。

为什么不可能运行得比真空中的光速快呢?答案就在于爱因斯坦的著名公式 $E=mc^2$(见第 14 页)。这个公式告诉我们物质(m)和能量(E)是等同的。这意味着物体越大,其中蕴含的能量也就越大。

关键是,这也意味着物体能量越大,其重量也就越重。运动是一种能量(叫做动能),所以某个运动中的物体比静止不动的物体要略微更重一点。如果以 160.93 公里每小时(100 英里每小时)的速度抛出棒球,这个球就会加重 0.000 000 000 002 克。

这个数量是很微小的,但如果速度接近光速,增加的质量就变得非常巨大了。假如以 90%光速飞行,宇宙飞船将会变成在静止时的两倍大。这意味着引擎必须完成两倍的工作量才能使飞船飞行得更快。但飞行得越快,就会拥有越多能量,飞船也就会变得越大,这又需要投入更多能量才能让它加速。与此同时飞船内部所有东西都会变重;手腕上的表,之前重约 14 克(0.49 盎司),现在的重量是 36 吨。

达到光速的宇宙飞船其重量将会变得无限大，需要无限大的能量才能驱动它。很显然这是不可能做到的。这就是为什么没有物体能够运行得同光速一样快，更不用说比光速更快了。

人类技术能达到的最高速度
是赫利俄斯2号宇宙飞船，
超过240 000公里每小时
（150 000英里每小时）。

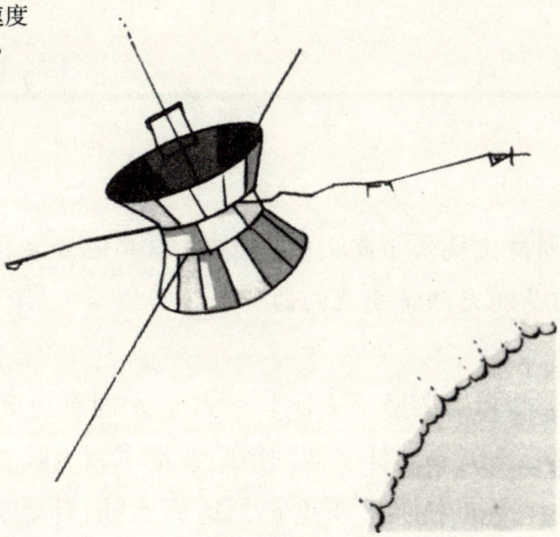

围绕这个问题人们想出一些方法。有科学家提出，没有质量的微粒，例如超光速粒子能够运行得比光速更快。光速是其能达到的速度下限。然而，这是纯粹假象的微粒，也许根本就不存在。

假如有办法能跳过其间的空间，就有可能比光速还要快地到达遥远的星球。假如能折叠或扭曲空间，就可以从一个点跳到另一个点而不必经过其间的距离。也许有可能在时空构造上开个虫洞穿越过去。

为什么欧洲殖民统治了新大陆?

欧洲殖民统治了新大陆,而不是以其他方式,因为欧亚大陆是横跨东西向的,而美洲大陆是南北向的。

大陆的形状意味着欧洲人比美洲本土人拥有更为先进的技术,同时也遭受了更为恶劣的疾病,这就是为什么欧洲殖民统治了新大陆,而不是以其他方式。

1492年,克里斯托弗·哥伦布到达新大陆,开始为他的西班牙赞助人索取大片土地。在此后的几个世纪中,欧洲列强和殖民者控制了整个北美洲和南美洲,继而殖民统治了非洲、澳大利亚和大洋洲。这些地方大部分都曾经在不同时期建立过它们自己强大的帝国和王国,在西班牙占领中美洲和南美洲的过程中,实际上摧毁了阿兹特克和印加——历史上两个最大的帝国。那么为什么是欧洲人殖民统治了世界的其他地方,而不是相反呢?

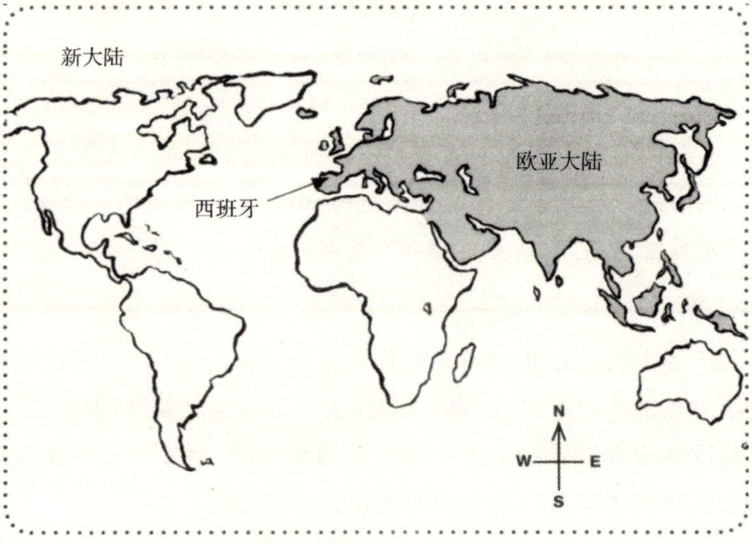

新大陆相对于欧亚大陆的位置

人类学家贾雷德·戴蒙德提出了地理决定论，根据这一大胆的理论，答案也许和大陆的形状有关系。

欧洲和亚洲共同形成一个大陆，就是我们所知的欧亚大陆。虽然在南北方向上最宽处有 7 590 公里(4 717 英里)，但在大多数地方它的南北轴比东西轴要短很多，东西轴在最宽处达到 10 726 公里(6 665 英里)。

而另一方面，美洲大陆的南北轴比东西轴要长很多。南北轴有大约 17 000 公里(10 500 英里)，从阿拉斯加州的普拉德霍湾到巴塔哥尼亚的火地岛，但东西轴只有 4 654公里(2 892 英里)，从加利福尼亚州的竞技场岬到缅因州的西郭德岬，这是美国大陆最宽的地方。

为什么说这一点很重要呢？这意味着欧亚大陆的主轴横穿许多个经度但始终维持在一条很窄的纬度范围内，但美洲大陆的主轴穿过的纬度范围很大。气候往往会随着纬度，也就是说沿着南北轴的不同而变化，而如果待在同样的纬度，即使经历许多不同的经度气候也不会有太大变化。

换句话说，欧洲、近东和中东，印度和中国，都大体处在相似的气候和生态环境之下。当从加拿大出发，经过密西西比河谷，到中美洲和亚马逊，再到阿根廷的草地，则会经历气候和生态的巨变。非洲也有类似美洲的南北轴，所以也有类似的气候和生态上的巨大差异。

策马奔腾

大型动物，例如马、骆驼和牛的驯化是人类历史上一项重要的革新。在欧亚大陆，有 13 种不同类别的大型动物被驯化，相比之下在美洲只有一种(美洲驼)，而在非洲则完全没有。欧亚大陆的东西排列方向在这里至关重要：从西班牙骑马到中国是有可能的，但如果试图骑马从阿尔及利亚到南非，马肯定会病死或热死。

这一点对于人类社会和健康的发展具有重大意义。在欧亚大陆，技术和文化上的革新能够很容易地从中世纪的中国传播到欧洲。这也就是欧洲如何得以掌握诸如造纸术和火药这些改变世界的技术。而在美洲和非洲，诸如冶金和新农作物这样的革新要花费很长时间才能从一个王国传播到另一个王国。

结果就是，世界历史上所有最大的王国都处在欧亚大陆。历史上的第六大王国，大约存在于公元 750 年前后的倭马亚王朝，占地 1 300 万平方公里，而在哥伦布发现美洲大陆以前的美洲最大王国,1527 年的印加帝国,仅占地 200 万平方公里。

疾病往往也更容易跨经度而不是跨纬度传播,所以欧亚大陆的人遭受过许多传染病,如天花和麻疹(即牛群囊虫病),但从长期来看,也就获得了机会建立起针对这些疾病的免疫力。

新大陆的人就没有这种免疫力,这也是为什么西班牙人能征服阿兹特克和印加帝国的主要原因之一。据估计西班牙人到达新大陆的同时也带来了天花后,在短短的十年间,墨西哥人口从 2 500 万锐减到 650 万,这种疾病杀死了 75%的人口。在欧洲殖民统治期间,估计总共约 6 500 万的美洲本土人口死于欧洲人的麻疹。

为什么海水是咸的?

海水是咸的因为地壳中的矿物质被水溶解之后被冲刷或冲击进海水中。

一升海水约含七勺盐,大概有 35 克。其中大概只有两勺半是食盐(氯化钠);实际上至少有 72 种化学元素溶解在海水中,当然几乎包含了所有地球上自然产生的元素。海水中总共有 50 千兆吨(50 000 万亿吨)的溶解物;如果将所有这些盐都覆盖在陆地上,厚度将会达到 150 米(近 164.04 码)。

河水和大部分湖水的咸度却远远不及。海水比湖中的淡水要咸 220 倍。那么为什么海水这么咸而湖水和河水却不是这样呢?

实际上,淡水也有一点点咸。当雨水落到地面,渗透进土壤和岩石,经过地表流进溪水或河水里,在这过程中会提取矿物质并溶解。最终所有这些都被冲刷进海里。仅从美国流出的河水和溪水每年就要将 22 500 万吨的溶解物倾泻进海里。

提供出口

也会有盐通过热水出口,也就是地球表面的裂缝进入海水中。从这些裂缝中涌出的水非常多,假如把所有海水都排干的话,只需过 1 000 万年这些从裂缝中涌出的水就能将其再次装满。一旦这些盐进入到海中就会因水分蒸发而浓缩。

这么多的盐流进海里,同时又有这么多的水蒸发掉。真正该问的问题不是为什么海水是咸的,而是为什么海水没有变得越来越咸?如果海水一夜之间失去了所有的盐分,只需要大概 25 000 万年全世界的河流就能将它再重新填满,而实际上河流将全部盐分注入海水所花的时间要更长一些。

海水的咸度能维持恒定，是因为海水失去盐分的速度和获取盐分的速度几乎一样。当盐分沉淀下来变为海底新的沉积岩的一部分时，海水就失去了盐分，而当海水从海底的裂缝渗透进地壳，盐分又会被过滤出来。

为什么地面是固体的?

地面是固体的因为地面由原子组成,而其中的电子距离所围绕的原子核已经没法压缩得更紧密了。

新西兰物理学家欧内斯特·卢瑟福(Ernest Rutherford, 1871—1937)于1911年利用亚原子微粒冲击一片金箔。其中有些微粒可以穿过,而有些直接反射回来。卢瑟福由此得知,与人们之前设想的不同,原子并不是一块大的固态实体。进一步研究表明,原子就如同一个微型的太阳系,几乎所有的质量都集中在位于中心的一个微小的原子核内,围绕其旋转的是更加微小的电子。最令人惊异的是,在它们之间什么也没有:原子中99.999 999 999 999%的体积完全是空的!

读至此处如果你现在正坐在椅子上或站在地面上,想象一下支撑着你的是什么。固体表面实际只有不到十万分之一的部分是由物质组成的。其余都完全是空的。不仅如此,组成你身体的所有原子也大部分是空的。原子中的真空有如此之多,以至于如果去掉这些空间,整个人类可以被压缩成一个糖块那么大体积。

如果人的身体和地板大部分都是空的,那么是什么让人不至于穿过地板掉下去呢?

固体之所以是实体的原因在于,电子必须遵循量子物理的两大定律,即已知的泡利不相容原理和海森堡测不准原理。第一个原理说的是,两个电子不可能处在同一位置:每一个电子都需要有自己的空间。第二个原理说的是,任意一个电子的位置或者速度都是可测量出的,但是无法同时测量出其位置和速度。

测不准原理意味着,越是限定电子所占据的空间来定位电子的位置,其运行速度的可能范围也就越大。电子就如同压缩箱里愤怒的蜜蜂:越是压缩箱子,蜜蜂越是疯狂地乱飞。如果试图将电子压缩得更接近原子核,其能量级别就会直冲到顶峰。

固体只要压缩仅百分之一,其中电子的能量提升量就相当于将其加热升温1 000摄氏度(1 832华氏度)。这就是为什么无法将固体的体积压缩得更小,也就是为什么固体之所以是实体而人不至于穿过地板掉下去。

为什么火星上没有生命?

火星上没有生命,是因为没有板块构造从而无法受益于温室效应,导致火星上过于寒冷干燥。

在从前火星上更温暖更湿润的时候,也许曾经有过生命,在火星表层以下的内部也许仍然存在着生命。但火星表面上几乎不可能存在任何生命。

直接原因就在于火星上过于寒冷干燥。火星表面温度从－133 摄氏度(－207.4 华氏度)到 37 摄氏度(98.6 华氏度),但因为气压太低,即使在温度高于 0 摄氏度(32 华氏度)时也不可能存在液态水。火星的大气层比地球的稀薄 100 倍,所以任何液态水都会瞬间蒸发到大气中。

火星到太阳的距离与地球到太阳的距离相近,假如火星上有我们这样厚的大气层,温室效应也许就能维持足够温暖的温度,让水和生命得以存在。

几十亿年前火星上或许有更厚的大气层,但后来消失了。火星比地球小很多,所以引力更弱,或许就因为这点大气泄露进太空。但又或许是因为火星缺少地球这样的板块构造。

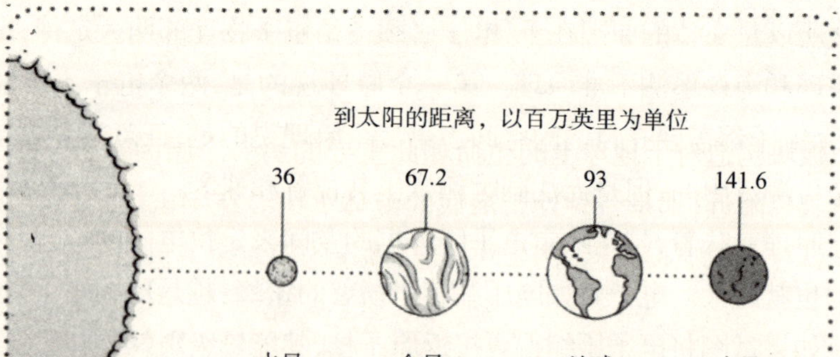

行星距离太阳的相对位置

在地球上，板块构造有助于将大气层中的二氧化碳含量维持在一个恒定水平，而二氧化碳是最重要的温室气体。在周围有水的情况下，二氧化碳会通过降雨或海浪的翻腾溶解进水中，随后与岩石发生化学反应。这些化学反应产生的岩石类似粉笔和石灰岩，二氧化碳就被锁定在其中。板块构造将这些岩石吸收进炙热的地球内部，融化掉之后再通过火山将这些碳喷发出来返回到大气中。因为有板块构造，所以才形成了碳的循环。

在火星上，因为没有这样的板块构造，也就没有碳的循环。当从前火星更温暖、更湿润的时候，经过地球上发现的类似步骤，大气中的二氧化碳被锁定在岩石中，但随后就被永久锁定在其中了。越多二氧化碳被消耗掉，温室效应就越少，就会变得越冷。变得越冷，就会有越多的水分在大气层外凝结成雨，这样又有更多的二氧化碳被消耗掉。就这样形成了失控的反温室效应，结果就使火星变成了一个寒冷、干燥、荒凉的行星。

又热又重

在金星上几乎发生了完全相反的情况。金星几乎和地球同样大小，并且几十亿年前它或许也有个更温和、更湿润的气候。但金星距离太阳稍近了一点，水分不是变成雨落下来，而是变成水蒸气停留在大气中，从而引发了失控的温室效应。热量将大量的二氧化碳从岩石中释放出来，导致金星现在的大气层极其地厚，而且热得无法呼吸。表面气压比地球上高出 92 倍，所以在金星表面上行走相当于在地球上一公里深的海底行走，唯一不同的是没有金星上高达 477 摄氏度(890.6 华氏度)的高温，这个温度高到足以将铅熔化。

为什么板块构造对于地球上的生命如此重要的另一个原因在于，生命很可能起源于深海热泉口附近，那是一种处于海底的液体火山。在宇宙中别处寻找生命的最佳地点也许就在类似喷口附近，例如欧罗巴，木星的第六个卫星上或许就存在生命。

为什么月亮看上去和太阳一样大?

月亮看上去和太阳一样大,因为虽然太阳比月亮大400倍,但它也比月亮远400倍。

为什么月亮和太阳在大小和距离上有如此显著的相似度?这纯属巧合。

这种难以置信的巧合在太阳系所有行星以及它们所有(已知的)卫星当中都绝无仅有。到现在为止,在银河系发现的所有其他行星当中也是绝无仅有的。

多亏了有这个巧合,当月球在太阳的正前方经过,地球上的人才能有幸目睹到日全食,圆盘完全变黑,只留日冕可见。

日全食十分罕见,因为月亮并不总是看上去和太阳同样大小。月球和地球的轨道都是椭圆形的(也就是说,不是完全规则的圆形),所以通常月亮看上去要比太阳稍微小一点,形成了所谓的日环食。

自从月球刚刚开始形成,其运行就一直在逐渐远离地球。现在月球每年都要远离大约4厘米(1.57英尺),所以如果你现在50岁,月球跟地球的距离比你出生时要远2米(2.19码)。

由于月球逐渐远离,在天空中看上去会变得更小,所以月亮和太阳在过去没能完美地相配,在将来更不可能在某一点相配了。这意味着,我们今天目睹的日全食,有着如此壮观和令人惊叹的日冕,过去不曾有人看见过,在大约15亿年的未来也不可能看到了。

似乎人类有着难以置信的好运气,正好存在于这恰巧能目睹到日全食的时间。但这仅仅是巧合吗?有人提出一种可能性就是,日全食涉及人类的进化,从这个观点来看,就完全不是巧合了。

为什么男人会谢顶?

男人会谢顶因为史前时期的女人更喜欢年长的男人。

今天全世界有193种猴子和猿类,但其中只有一种没有毛:就是我们人类。这一点很不同寻常,人类学家德斯蒙德·莫里斯(Desmond Morris)由此发明了他的著名新词“裸猿”。实际上人类也并不是完全裸露的;我们还有几片地方有毛发,最明显的一处就在我们的头顶之上。平均每个人头上都有大约10万根头发,虽然金发女人头发更细更多,而红发的人头发最稀少。

这些头发平均每天要掉落约62根,但同样数量的新头发又会长出来。当人衰老后这种掉落和生长的循环就会发生变化:头发掉落加快而新头发生长变得缓慢。有数量相当可观的少部分人,而且其中几乎都是男性,这种循环会完全停止,掉落的头发再也长不回来了。裸猿就变成了秃猿。

有六分之一的男性谢顶,而有二十分之一的男性在20岁生日时发际线就开始向后退,为什么会这样?

谢顶的声明

社会生物学家弗兰克·穆斯凯瑞拉和迈克尔·坎宁安(Frank Muscarella and Michael Cunningham)发现,女性会将谢顶的男人与更高的社会成熟度,智慧和沉稳相联系,这也符合我们社会中普遍存在的一种假想,将谢顶与智慧相挂钩。穆斯凯瑞拉和坎宁安提出,我们的祖先中有些猿人女性发现,相对于毛发旺盛的年轻猿人表现出的不成熟和野心勃勃,这种“谢顶”的品质更加具有吸引力,这就解释了为什么谢顶不仅幸存下来,还日益兴旺了。

谢顶似乎是基因决定的:你的谢顶遗传自父亲或祖父。如果有谢顶的基因,那么这个基因的存在必然是有原因的,否则它应该在进化过程中就被消灭掉了。但是谢顶能带来什么进化上有可能的优势呢?

其他的猿类和猴子也会谢顶,而在黑猩猩的社会中,谢顶和社会地位似乎有着某种关联。谢顶的黑猩猩往往作为年长的男性而受到尊重。也许人类的谢顶也是沿此进化而来的。

根据至少一个仍然持有争议的理论,实际上谢顶不是由于基因造成的,也和进化没什么关系。科学家扬斯索勒提出,谢顶的原因在于错误的理发方式,使得头发之间无法再充分摩擦,结果就破坏了毛囊,导致这个不幸的人走上了谢顶之路。

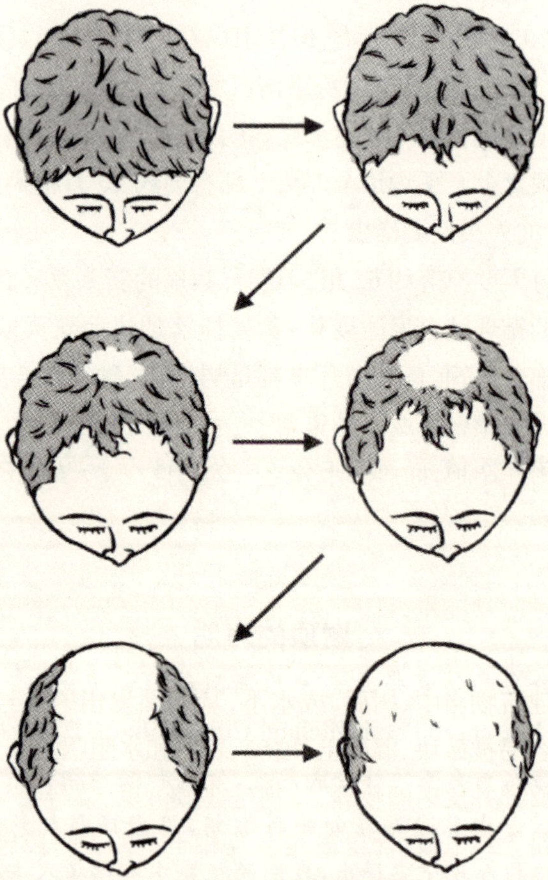

男性典型的谢顶步骤

为什么手机会失去信号?

手机失去信号的原因有很多种,手机距离基站过远,建筑物或山的阻隔,有别的人偷走了信号和信号互相干扰等等。

移动电话或手机本质上是一个步话机,只是不能直接和其他电话对讲而必须通过基站。每个基站发射的无线信号只能覆盖相对较小的一片区域,或者叫单元(cell)——这就是为什么在美国移动电话又叫 cell phones。信号的强度大小以及是否会丢失,都取决于手机与基站之间的无线电信号交互状况的好坏。

各种不同因素都会影响手机和基站之间的信号交互状况:距离,区域内正在拨通电话的人数,手机本身和其网络的状况,周围地形以及运气。

每个基站的能源都是有限的,所以它只能覆盖有限的范围。它也只有有限数量的信号接口可供使用,所以如果所有接口都被占用,手机就会尝试去连接更远处的基站。

这会严重削弱手机的信号强度,因为基站传播的无线电波能量会按距离的负二次方衰减。这意味着,如果必须连接一个距离有两倍远的基站,其信号强度将会减弱为四分之一。

当信号离开基站时其能量大约有 20 瓦,但到达手机时其能量通常只剩下百万分之一或十亿分之一瓦了。所以碰到个更远的基站就坏事了。

如果手机处在建筑物当中、树后,或水下,从基站发出的信号会减弱也成了严重问题。弱信号会很容易被砖块、混凝土、玻璃、岩石和水阻隔。

信号还会到处反弹并反射回物体,特别是在城市里,信号会从各个方向同时到达手机。这些信号都是无线电波,而电波是会互相干扰的。一段电波的波谷可以消除掉另一段电波的波峰,造成信号进一步减弱。

天气也会影响手机信号强度。降雨和暴风会使信号减弱并干扰手机的接收。甚至拿手机的方式也会影响天线的接收效果,就像苹果的 IPHONE 用户付出了沉重的代价,经过轰动一时的“死亡握持”风波才发现这一点,也因此迎来了 IPHONE 4 的发售。

为什么男性会有乳头？

男性有乳头因为女性也有。

乳头对于女性的重要性显而易见：用来给乳儿期的婴儿哺乳，每天的数量高达900毫升(1.58品特)！其他哺乳动物在哺乳方面有着更骄人的成绩。2010年威斯康辛州有一头奶牛，名字朗朗上口，叫做Ever-Green-View My 1326-ET，它在一年当中每天的产奶量超过了100升(175.98品特)！(奶牛通常的日均产奶量大约为31升(54.55品特))。

然而男性的乳头似乎没有任何用处。有乳头是被定义为哺乳动物的必要条件之一(哺乳动物指的是靠哺乳抚养幼崽的动物，这就必须要有乳头)，但并不是所有雄性哺乳动物都有乳头。种马(雄性的马)就没有乳头，雄性的老鼠和田鼠也没有。

或许男性有乳头是因为没有足够的理由让他们没有。胚胎在子宫中发育的初始阶段是不分性别的，男性和女性胚胎在最初形成时身体结构都是相同的，其中也包括乳头，大约在发育的第四周出现。到了第七周，这时性别荷尔蒙开始生效，婴儿的身体开始呈现出某一种性别，导致男婴发育他们的性器官，阴道阴唇融合形成阴囊，而阴蒂发育成为阴茎。

乳头跟生殖器官不一样，并不是跟性别相关联的身体特征，所以并没有信号指示要在发育男性胚胎时抛弃它们。假如对男性来说有乳头成为了某些问题的重要原因，或者以某种方式影响了男性的生存和繁衍的几率，那么必定会造成压力通过自然选择抛弃掉它们。但是很显然事实并非如此，所以对于男性来说，在胚胎发育过程中没有任何理由需要进化出某些特殊机能来抛弃他们的乳头。

绕了这么一大圈，只为了说明男性有乳头是因为所有的胚胎都有，而所有胚胎都有是因为女性之后会需要用到。

但是这样还是没能解释清楚所有的事。男性乳头的结构健全并且可以具有功能性。在怀孕和分娩期间，婴儿会过多接触其母亲的荷尔蒙，有时太高的女性荷尔蒙会刺激男婴的胸部,使得他们在出生时分泌乳汁。这种不常见的现象叫做“新生儿乳”。还有一种医学上的症状叫做男性乳腺发育,会导致男性的胸部胀大,并且会导致乳头分泌乳汁。另外男性也有可能会患乳腺癌。

为什么花费精力和资源来发育功能健全的乳头?在进化中难道不值得抛弃男性的乳头以防止乳腺癌吗?这些问题的答案还不得而知。

为什么会下雨?

下雨是因为与冷空气相比热空气能容纳更多的水分。

当湿润的空气冷却下来,就不能再容纳这么多水分,于是水分就凝结起来以降雨、降雪或冰雹的形式落下来。温度会随着海拔的上升而下降,所以温暖湿润的空气在上升时会冷却下来。热空气比冷空气密度低,所以热空气往往会自己往上升。热空气也会因地形或另一个气团而被迫上升。每种情况下都会导致不同类型的雨。

水分会从水坑里蒸发出来。水坑里的有些水分子运动得非常快,就好像到达了沸点,其中有一部分从水坑里飘散出来,变为水蒸气进入到空气中。空气中能容纳的水蒸气有其恒定的量;一旦到达极限,多余的水分就会凝结成可见的水滴,形成云或雾,其中有部分就会以降水或降雨的形式落下来。

空气中能容纳多少水蒸气取决于温度。空气越热能容纳的量就越多,但因为密度不如冷空气大,热空气往往会向上升。大气温度会随着高度的上升而下降:每上升1 000 米(1 093.61 码)气温下降 6.5 摄氏度(43.7 华氏度)。随着温暖湿润的空气上升其温度会不断下降,一旦超过一定的临界点水蒸气就会凝结成水滴。

上升的湿气

当一些零星散布的温暖湿润的空气上升时,就会降下对流雨,因为热空气比周围的冷空气密度低。在天气晴好时地面因阳光直射而温度上升,就会发生这种天气。当温暖湿润的空气经过山坡,也会被迫上升形成地形雨,或者当这些热空气撞进一堆冷空气中,也会被迫上升。热冷空气团是不相容的;热气团会被迫上升,到达密度高的冷空气上方,形成天气锋面降下锋面雨。一个典型的锋面一般由十亿吨的热空气叠加在 75 000 万吨的冷空气上方构成。

云的形成也有很多种原因：典型的积雨云（单个的松软云团，在大多数晴天就能看到在四处漂浮）重量约为 100 万公吨以上，相当于 20 万头大象的重量。但这种云其中的含水量却出人意料地小，典型积雨云中的含水量或许仅够装满一个浴缸。而另一方面暴风雨云的含水量达到 900 吨。

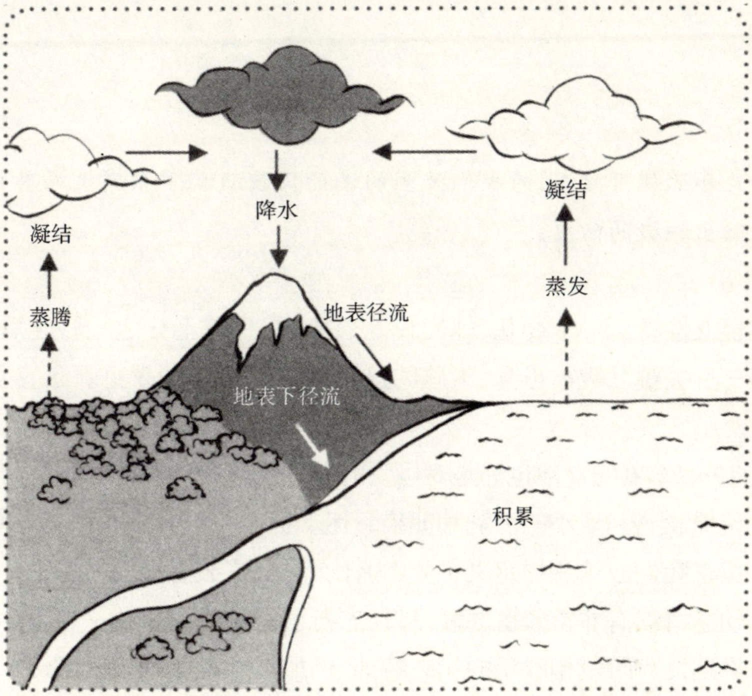

水循环

比起海洋和冰原中的水，甚至比起河流和湖中的水来说，大气中的含水量相对较小：假如大气中所有的水分以降雨的形式一次性降下，也只不过能使海平面上升几厘米而已。但是如果对住在印度梅加拉亚邦（Mawsynram，乞拉朋齐以西 16 千米的一个村庄）的人们说这些，他们估计不会相信，因为那里也许是全世界最潮湿的地方，平均每年的降雨量达到了 1 188 厘米（467.72 英尺），还有夏威夷瓦里里（怀厄莱阿莱山）的居民，那里每年平均有 335 天降雨。他们也许都渴望造访智利的阿里卡，那里每逢六年才会有一天下雨。

为什么婴儿和玩偶这么可爱?

婴儿和玩偶可爱,因为我们天生的本能促使我们对眼睛大而其他特征小的脸做出积极的回应。

如果年轻女性看见一个婴儿,她的瞳孔会放大,只需七分之一秒之后,在她的大脑中就会有一片关键区域被点亮,大脑的这个部分负责处理看见真正喜欢的东西时获得的感受。

年龄在 19～26 岁的女性也许是对可爱的婴儿反应最为强烈的群体,然而其实每个人都会对玩偶、小猫、幼小的海豹和熊猫着迷。甚至小鳄鱼或臭鼬的幼崽看上去也挺可爱的。但是我们应该怎样定义可爱,为什么它会这么有吸引力呢?

可爱和幼态持续有非常紧密的联系,幼态持续是生物学上的一个术语,指的是生物保持着与早期发育阶段相联系的状态特征,例如新生儿时期,甚至胚胎期。这些特征是非常强烈的信号,会告诉我们有这些特征的生物是年幼,柔弱,需要被照顾的。

最明显的可爱和幼态持续的特征是与脸部有关的。相对于身体尺寸,大部分种类的生物幼崽往往有个大大的脑袋,并且相对于脑袋尺寸有一双大大的眼睛。就人类来说,婴儿的眼睛大小和成人几乎一样,但它们的脑袋更小,身体也相对较小。眼睛并不增长多少而身体的其余部分会长大,所以长到成人大小时人的眼睛在比例上就显得小多了。

婴儿可爱的截止时间大概在四岁半左右,年纪再大点的孩子看上去就不再像之前一样可爱了,看到他们的成人也不会再产生同样的自发反应了。这个年龄标志着一个转折点,他们的特征不再显示出幼态持续。

然而对于极少数幸运儿,幼态以及其优势会一直延续至成人时期。一般都认为有着大眼睛和小鼻子这类特征的成年人更好看,男性也会发现有这些特征的女性更有吸引力。幼态持续的效应还能跨越物种的障碍,所以人类会对其他动物的幼态持续产生反应,因而觉得玩偶和小猫可爱。

迪斯尼的宝宝们

婴儿其他的可爱特征还有扁平的鼻子，小小的耳朵和下巴，圆圆的前额和脸蛋。大多数婴儿都有这些特征，所以我们认为它们很可爱。这就是为什么芭比娃娃和米老鼠都有一双硕大的眼睛。这可爱特征可是会产生实际益处的。可爱的宝宝会得到更多的关注，所以更有可能被照顾好。而那些有着小眼睛，平额头和方脸的宝宝就没那么幸运了，他们得到的关注就要少些。

为什么我们会觉得可爱有如此吸引人的魅力呢？这似乎是我们的大脑天生的本能，以这种方式来确保我们能够牢牢跟紧并照顾好年幼无助的宝宝们。

而这些又跟男性觉得具有幼态持续的女性很迷人有什么关系呢？也许进化使得男性觉得那些标志着女性既年轻又丰满的特征很有吸引力，而并不是标志着像有点幼态持续那样年轻的特征有吸引力。实际上幼态标志着太过于年轻了，如果男性觉得还未到青春期的女性有吸引力这就毫无意义，但这也许是一个关于失控的性选择的例证。在这里当一种性别开始进化出某种特征，而这种特征确实也表现出更高的质量，但是一旦开始追求这种特征，就像军备竞赛一样，驱使其发展到夸张荒谬的程度。举个例子来说，这也就是为什么雄性麋鹿有那样夸张的巨大的鹿角，也许这也就是为什么男性进化成那样夸张的追求幼态持续的特征。

书　　名　生活中的为什么
原 书 名　WHY? Answers to Everyday Scientific Questions
作　　者　[英]乔尔·列维
译　　者　沈凌
责任编辑　韩宇新
出版发行　凤凰出版传媒股份有限公司
　　　　　江苏凤凰教育出版社（南京市湖南路1号A楼 邮编210009）
苏教网址　http：//www.1088.com.cn
照　　排　南京凯建图文制作有限公司
印　　刷　江苏凤凰通达印刷有限公司（电话025-57572508）
厂　　址　南京市六合区冶山镇（邮编211523）
开　　本　787毫米×1092毫米　1/16
印　　张　7.5
版　　次　2014年10月第1版　2014年10月第1次印刷
书　　号　ISBN 978-7-5499-4462-0
定　　价　15.00元
网店地址　http://jsfhjycbs.tmall.com
新浪微博　http://e.weibo.com/jsfhjy
邮购电话　025-85406265，85400774 短信 02585420909
盗版举报　025-83658579